中国地质调查成果 CGS2016-080
"十三五"国家重点出版物出版规划项目
湖北省学术著作出版专项资金资助项目
"中国大陆周边重要成矿带成矿地质条件与资源潜力评价"项目资助

印度尼西亚中苏门答腊岛铜金等多金属矿产成矿规律研究

高小卫　向文帅　吴秀荣　项剑桥　著

内容提要

《印度尼西亚中苏门答腊岛铜金等多金属矿产成矿规律研究》系中国地质调查局发展研究中心承担的计划项目"中国大陆周边重要成矿带成矿地质条件与资源潜力评价"的工作项目(项目编号:1212011120339)成果。该书以印度尼西亚中苏门答腊岛铜金多金属成矿带为研究区域,通过与印度尼西亚地调局资源中心的合作,系统收集了区内已有的区域地质、矿产资料,开展区域成矿地质条件研究、区域成矿规律总结,合作编制了研究区1:50万地质图、大地构造图和成矿规律图,提出进行下一步矿产勘查的优选靶区,为我国企业在该地区的矿产勘查提供了理论指导、资料信息以及勘查选区服务。

图书在版编目(CIP)数据

印度尼西亚中苏门答腊岛铜金等多金属矿产成矿规律研究/高小卫等著. —武汉:中国地质大学出版社,2016.12
ISBN 978-7-5625-3887-5

Ⅰ. ①印…
Ⅱ. ①高…
Ⅲ. ①苏门答腊-多金属矿床-成矿规律-研究
Ⅳ. ①P618.2

中国版本图书馆 CIP 数据核字(2016)第 186288 号

审图号(附图):GS(2016)2807 号

印度尼西亚中苏门答腊岛铜金等多金属矿产成矿规律研究		高小卫等 著

责任编辑:唐然坤 王 敏	选题策划:毕克成 张晓红	责任校对:张咏梅
出版发行:中国地质大学出版社(武汉市洪山区鲁磨路388号)		邮编:430074
电 话:(027)67883511	传 真:(027)67883580	E-mail:cbb@cug.edu.cn
经 销:全国新华书店		Http://www.cugp.cug.edu.cn
开本:880mm×1 230mm 1/16	字数:415.8千字 印张:9.375 插页:5 附图:1
版次:2016年12月第1版	印次:2016年12月第1次印刷
印刷:武汉市籍缘印刷厂	印数:1—1 000 册
ISBN 978-7-5625-3887-5	定价:198.00元

如有印装质量问题请与印刷厂联系调换

目 录

1 前言 ………………………………………………………………………………… (1)
   1.1 研究区概况 ………………………………………………………………… (1)
   1.2 目标任务及研究内容 ……………………………………………………… (4)
   1.3 项目执行情况 ……………………………………………………………… (4)
   1.4 主要进展及成果 …………………………………………………………… (5)

2 区域成矿地质背景 ……………………………………………………………… (7)
   2.1 岩石地层 …………………………………………………………………… (8)
   2.2 侵入岩 ……………………………………………………………………… (23)
   2.3 变质作用 …………………………………………………………………… (27)
   2.4 区域构造 …………………………………………………………………… (28)
   2.5 区域地球物理特征 ………………………………………………………… (43)
   2.6 区域地球化学特征 ………………………………………………………… (45)

3 典型矿床地质特征 ……………………………………………………………… (47)
   3.1 矿产资源概况 ……………………………………………………………… (47)
   3.2 矿床类型划分 ……………………………………………………………… (48)
   3.3 主要矿床地质特征 ………………………………………………………… (55)

4 成矿地球化学特征 ……………………………………………………………… (76)
   4.1 岩石地球化学特征 ………………………………………………………… (76)
   4.2 流体包裹体特征及流体性质 ……………………………………………… (82)
   4.3 稳定同位素地球化学特征 ………………………………………………… (87)
   4.4 成矿年龄探讨 ……………………………………………………………… (90)

5 成矿规律 ………………………………………………………………………… (96)
   5.1 成矿带划分 ………………………………………………………………… (96)
   5.2 区域控矿条件与成矿作用分析 …………………………………………… (99)
   5.3 矿床形成时间及空间分布规律 …………………………………………… (107)
   5.4 矿床共生组合规律 ………………………………………………………… (110)

6 成矿远景预测 …………………………………………………………………… (112)
   6.1 找矿标志 …………………………………………………………………… (112)
   6.2 成矿远景预测 ……………………………………………………………… (114)

7 结语 …… (118)
  7.1 主要成果 …… (118)
  7.2 存在的问题及建议 …… (119)
主要参考文献 …… (120)
附　录 …… (124)

1 前言

随着中国经济的迅猛发展,国内的矿产资源勘查已远不能满足我国经济发展的需求。面对中国矿产资源短缺或严重短缺的严峻局面,我国实施矿产资源"走出去"战略,开发境外矿产资源,推动实施全球矿产资源战略显得尤为必要。中国周边国家具有明显的地缘政治优势,同时又有极为丰富的矿产资源,是实施该战略的首选地区。为此,中国地质调查局2003年设置了"中国大陆周边重要成矿带成矿地质条件与资源潜力评价"计划项目,目的是通过搭建国际合作平台,开展跨境合作编图和对比研究,全面收集中国大陆周边地区地质矿产信息资料,系统了解周边国家和地区的矿产资源潜力和成矿地质条件;深化中国周边跨境成矿带境内外成矿作用、成矿地质背景与成矿规律对比研究,以更宽的视角和更广的视野,整体上深化对跨境成矿带地质特征和成矿规律的认识;探索建立跨境矿产资源潜力评价方法体系,为实现中国相关成矿带矿产资源勘查的重大突破提供基础地质和区域成矿理论指导,为国内企业"走出去"开展境外矿产资源风险勘查提供基础信息和战略选区。计划项目由中国地质调查局发展研究中心组织实施,参加的单位包括局属6个大区中心、局属专业研究所、地质院校和相关省份的地质调查院。

武汉地质调查中心承担了"印度尼西亚中苏门答腊岛铜、金等多金属矿产成矿规律研究"项目;工作起止时间:2011—2015年;工作项目编号:1212011120339;外方合作单位:印度尼西亚地质局资源中心;国内参加单位:中国地质科学院矿产资源所、湖北省地质局物探队。

1.1 研究区概况

1.1.1 自然地理概况

苏门答腊岛是世界第六大岛,印度尼西亚(简称印尼)的第二大岛屿,仅次于加里曼丹岛(婆罗洲),为大巽他群岛岛屿之一,经济地位仅次于爪哇岛。其东北隔马六甲海峡与马来半岛相望,西濒印度洋,东临南海及在爪哇岛东南与爪哇岛遥接。苏门答腊岛面积 $43.4\times10^4 km^2$,包括属岛约 $47.5\times10^4 km^2$,占印尼全国土地面积的1/4。

苏门答腊岛呈北西-南东走向,在中间与赤道相交,由两个地区组成:西部巴里散山脉(Barisan Mountains)和东部的沼泽地。

西部山地纵贯,高峻的巴里散山脉(Barisan Mountains)呈北西-南东走向,绵亘1600km,有90余座火山,其中最高峰葛林芝山(Kerinci)海拔达3800m。山脉以东为冲积平原,南宽北窄,最宽处100km以上。河流众多,主要有穆西河、巴当哈里河、因德拉吉里河、甘巴河等,多能通航。当中以哈里河(Hari)最长,可通航480km。托巴湖面积 $1140km^2$,是诸多山湖中的最大者。

巴里散山脉为青藏高原新生代山脉的连续,纵贯苏门答腊岛。该地区发现了煤、金矿床。火山所喷发的矿物质使得土壤肥沃。山脉景象优美而迷人,如托巴湖(Toba Lake)周围区域。

在东部,强大河流把淤泥带到下游,形成了辽阔的平地,其中遍布沼泽和湖泊。苏门答腊岛位于亚欧板块的东南边缘,该岛以南地区位于印度洋板块边缘,是欧亚地震带的一部分,时有地震发生(图1-1)。

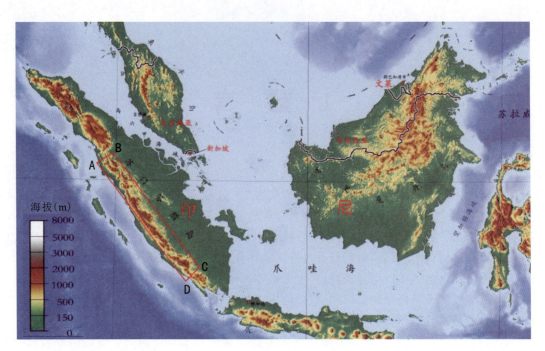

图 1-1 苏门答腊岛地貌图

苏门答腊岛穿过赤道，属于热带雨林气候。由于常年高温多雨，各地温差不大，降水则有明显差异。西海岸年降水量3000mm，山区可达4500～6000mm；山脉东坡至沿海平原年降水量2000～3000mm，岛的南北两端年降水量1500～1700mm。

研究区位于印度尼西亚苏门答腊岛中部，4个拐点坐标分别为：A点东经99°02′30″，北纬1°07′00″；B点东经100°12′00″，北纬1°49′00″；C点东经104°17′30″，南纬4°53′00″；D点东经103°09′00″，南纬5°35′00″；面积约$10×10^4 km^2$（图1-2）。

1.1.2 矿产资源及开发概况

苏门答腊岛位于欧亚板块与印度-澳大利亚板块过渡带喜马拉雅期铜（金）成矿区的苏门答腊-爪哇铜金多金属成矿带。

苏门答腊及其邻近岛屿蕴藏煤、锡、铅锌、金、银、铜、铁等矿产，亦有一定储量的石油、天然气；煤储量约为$524×10^8 t$，约占印尼总储量一半；苏门答腊岛的邦加-勿里洞省为印尼最大锡生产区，占印尼锡产量和出口量约90%；廖内省的杜迈（Dumai）地区有若干印尼境内较高产的油井。

在印尼，纽蒙特矿业与自由港迈克墨伦铜金公司（Freeport-McMoRan Copper & Gold Inc.）占印尼铜产量的97%，印尼自由港公司是美国自由港公司的印尼子公司，2007年该公司并购了铜生产商——菲尔普斯道奇公司（Phelps Dodge），成为全球最大的铜业上市公司。该公司在印尼巴布亚拥有全球储量最大的Grasberg铜金矿，占印尼全国铜总产量的70%以上。印度尼西亚主要的铜矿山是位于巴布亚省的格拉斯贝格和艾斯伯格以及西努沙登加拉省松巴哇岛。格拉斯贝格和艾斯伯格两座矿山的经营商是印尼自由港公司（PT Freeport Indonesia），美国矿业巨头自由港迈克墨伦铜金公司是该公司的大股东，占81.28%的股份，印尼政府拥有其9.36%的股份。自由港迈克墨伦铜金公司在格拉斯贝格矿山的业务执照在2015年到期，印尼政府已经向该公司保证将延长印尼自由港公司Grasberg铜金矿的开采许可证期限。西努沙登加拉省松巴哇岛的巴都希贾乌铜金矿（Batu Hijau）是一个超大型铜金矿，由纽蒙特矿业公司与住友商事（Sumitomo）控股的日本努沙登加拉矿业公司和印尼PT Pukuafu In-

图 1-2 研究区位置示意图

dah 公司合资经营。纽蒙特矿业公司是巴都希贾乌铜金矿的营运商,拥有该矿 45%股权。

在苏门答腊岛,目前正在开发的较大的金矿是国际资源集团有限公司北苏门答腊的马塔比(Martabe)金银矿,金属总量为 740 万盎司黄金及 7000 万盎司白银,已于 2012 年 7 月 24 日首次出产黄金,2014 年全年,马塔比矿山产出 27.55 万盎司黄金和超过 220 万盎司白银(1 盎司=28.35g)。规模较大的铅锌矿为戴里铅锌矿(Dairi),位于苏门答腊岛西北部,距离印尼第三大城市棉兰约 120km;该项目共有符合 JORC 标准(即 Joint Ore Reserves Committee 的简称,为澳大利亚矿产储量联合委员标准)的矿石资源量 $2510×10^4$t,锌平均品位 10.2%,铅平均品位 6.0%,含锌金属量 $256×10^4$t,铅金属量 $150×10^4$t,是世界上少有的尚未开发的高质量铅锌矿山。由中色股份和印度尼西亚的 BRMS 公司合作开发并由 BRMS 公司控股的印度尼西亚 PT Dairi Prima Mineral 公司（以下称 PT DPM 公司）拥有 Dairi 铅锌矿，中色股份作为主要承包商承建该项目，包括年处理 $100×10^4$ t 矿石的铅锌开采、选矿和辅助及相关设施。目前，该矿山在建设中。

1.2 目标任务及研究内容

1.2.1 总体目标任务

以中苏门答腊铜金多金属成矿带为研究区域，以斑岩型铜（金）矿床、矽卡岩型铜（铅锌）矿床、浅成低温热液金矿床为主攻矿床类型，通过与印度尼西亚地调局资源中心的合作，系统收集研究区已有的区域地质、矿产资料，开展区域成矿地质条件研究、区域成矿规律总结，合作编制研究区 1∶50 万地质图、大地构造图和成矿规律图，提出进行下一步矿产勘查的优选靶区，为我国企业在该地区的矿产勘查提供理论指导、资料信息以及勘查选区服务。

1.2.2 研究内容

(1) 系统、全面地收集印尼苏门答腊已有的基础地质和矿产信息资料，了解区域主要金属矿产资源的分布特征，编制综合图件，建立苏门答腊岛的地质矿产数据库。

(2) 综合分析区域成矿地质背景和矿床的形成地质条件，研究区域地质构造特征演化与金、铜等多金属元素成矿的时空联系，尤其是在火山岛弧内岩浆活动作用与成矿作用的关系。

(3) 对区内典型矿床如唐塞铜钼矿床、马塔比金矿床、勒邦金矿床等进行研究，通过成矿地质条件、控矿因素、矿石物质组成、矿石结构构造等的野外地质调查，结合室内成因矿物学、成矿流体、同位素示踪、成矿年代学等的综合研究，初步查明成矿物质来源和成矿时代，划分矿床成因类型。

(4) 初步查明研究区金、铜、铅锌等金属矿产资源时空分布特征，划分成矿区带，总结成矿规律和找矿标志，在综合信息分析的基础上，提出有进一步工作价值的矿产勘查靶区。

1.3 项目执行情况

《中-印尼合作印度尼西亚巴东-明古鲁地区 1∶25 万地质地球化学调查》是与印度尼西亚地质局矿产资源中心合作的项目，它和"印度尼西亚中苏门答腊岛铜、金等多金属矿产成矿规律研究"项目都是由中国地质调查局武汉地质调查中心承担的，两个项目结合在一起，人员同时进行分工协作，共同完成工作。中方和印尼方组队开展野外工作，中方项目负责人为朱章显、高小卫（负责本项目）；中方参加人员为朱章显、高小卫、向文帅、胡鹏、高举、袁玉平及湖北省地质局物探队负责化探扫面的项剑桥一行 15 人；印尼方参加人员：Armin Tampubolon, Yose Rizal Ramli, Edi Suhanto, Franklin, Sahya Sudarya。由中方制订项目实施方案、野外考察路线、样品采集、室内整理、实验测试和成果汇交等，印尼方负责提供研究区已有的各类基础地质资料，协调当地关系，保障野外工作安全等。

研究报告主要由中方完成。报告共分 7 章，其中第 1 章前言、第 2 章成矿地质背景、第 7 章结语由高小卫完成，其中 2.6 节区域地球化学特征由项剑桥完成；第 3 章典型矿床（点）地质特征和第 4 章成矿地球化学特征由向文帅、高小卫完成；第 5 章成矿规律和第 6 章成矿远景预测由高小卫、吴秀荣完成。项目图件及数据库由吴秀荣完成，地球化学图件及地球化学数据库由项剑桥完成，最后高小卫统一定稿。

1.4 主要进展及成果

项目通过野外地质调研获得的第一手资料以及多种测试分析手段,初步查明了研究区的构造特征,并厘定了研究区的岩石地层序列和火山岩时代;对研究区构造演化与成矿的关系进行了探讨,初步查明了研究区金、铜、铅锌和锡等优势金属矿产资源的分布规律,确定了研究区主要矿种的矿床成因类型和主要控矿因素,划分了成矿带,并总结了区域找矿标志;根据主要优势金属矿产资源的时空分布规律,确定区域找矿方向,圈定了找矿远景区。在构造演化与成矿的关系、矿床地球化学以及成矿规律方面取得了突出的进展,全面完成了既定的任务目标。

主要的成果表现在以下几个方面:

(1)将晚古生代以来苏门答腊的火成岩划分出4个岩浆-构造旋回或岩浆活动期次:①海西期苏门答腊地体侵入岩,其中分布于西苏门答腊地体的海西期酸性侵入岩属于碰撞后地壳的火山弧Ⅰ型花岗岩带,其火山岩为大陆拉张带(初始裂谷)中的安山岩—玄武岩系列,而分布在东苏门答腊地体的大多数酸性侵入岩具有S型花岗岩的性质;②印支期西苏门答腊地体侵入岩,为Ⅰ型花岗岩,属于火山弧花岗岩,印支期碰撞后板内岩浆活动带(廖内群岛—邦加岛—勿里洞岛)的侵入岩以含锡S型花岗岩为特色;③燕山期以后的深成岩-火山岩活动的岩体,其岩石类型和分布特征,受大陆拉张带(初始裂谷)及其相邻的洋岛的控制,燕山早期细碧岩属于陆缘裂谷火山岩;④喜马拉雅期火山岩,属于陆缘火山弧,其中橄榄玄粗岩落在洋岛玄武岩与洋中脊玄武岩(MORB)交界线附近。

(2)根据苏门答腊火山岩的岩石化学资料,对其地球化学-构造环境判别图解的解释,笔者认为苏门答腊新生代火山岩盆地基底为大陆边缘裂谷(初始裂谷),并在渐新世以后转化为大陆边缘火山弧。高钾橄榄玄粗岩系列和埃达克岩与苏门答腊火山岩体系共生,显示该区具有寻找斑岩-低温热液型铜-金矿找矿远景。

(3)将苏门答腊岛划分为两类异地地体:东苏门答腊地体(亲冈瓦纳地体)和西苏门答腊地体(亲华夏地体)。两个不同地体的古地理演化和板块构造运动规律控制了区域金属矿床分布。海西期—印支期金属矿床的形成和分布受控于大陆边缘的火山弧,而燕山期则与裂谷岩浆侵入活动和海底扩张(或地幔隆起)有关。新生代金-银金属矿床沿苏门答腊-巴里散大断裂两侧成带分布,受控于陆缘火山弧的岩浆活动。

(4)海西期东苏门答腊地体以裂陷盆地的层控型铅-锌矿为主,而矽卡岩型银、铜和铅-锌矿化产于西苏门答腊地体。印支期锡矿成矿作用主要与S型花岗岩类(220~95Ma)侵入和苏门答腊岛中部的梅迪亚(中央)苏门答腊深大断裂走滑活动有关。燕山早期铜-金成矿作用为陆缘夭折古裂谷和岛弧环境。燕山晚期为弧-陆碰撞的火山弧的锡、金-银成矿作用。喜马拉雅期发育的岩浆弧金-银成矿与苏门答腊深大断裂活动和巴厘散构造带有关,归因于印度-澳大利亚洋壳斜向俯冲于苏门答腊岛之下。

(5)对研究区主要金属矿产(金、银、铜、锡、铅、锌、铁等)进行了矿床类型划分,并基本查明了研究区主要矿产成矿地质特征,主要的矿床类型如下。

(1)金矿:浅成低温热液金矿床(包括高硫型热液金矿、低硫型热液金矿)、沉积型金矿、矽卡岩型金矿、砂金矿。

(2)铜矿:斑岩型铜矿、矽卡岩型铜矿。

(3)锡矿:与S型花岗岩有关的锡矿床、砂锡矿床。

(4)铅锌矿:密西西比河谷型矿床(MVT)铅锌矿、矽卡岩型铅锌矿。

(5)铁矿:火山岩型铁矿、矽卡岩型铁矿和铁砂矿。

同时,对马塔比金矿、勒邦丹代金矿、唐塞铜矿、戴里铅锌矿等典型矿床的成矿地质条件及成因类型进行了初步探讨和研究。

(6) 通过稳定同位素地球化学和流体包裹体研究，初步探讨了低温热液型金矿的成矿流体来源和流体性质。总体而言，研究区内的热液型金矿的成矿温度相对较低，集中在 180~210℃，盐度、密度也相对较低，成矿压力平均为 500×10^5 Pa，成矿深度平均为 1.66km。

从本次研究获得的苏门答腊岛 3 个矿床的锆石同位素年龄数据可知，唐塞斑岩型铜矿床的成矿时间晚于 9.41 ± 0.37 Ma，为晚中新世；马塔比低硫型低温热液金矿床的成矿时间晚于 4.42 ± 0.17 Ma，为上新世晚期；勒邦低硫型低温热液金矿床的成矿时间晚于 0.874 ± 0.068 Ma，为早更新世。它们都属于更新世巽他-班达岩浆弧活动影响范围。

(7) 按照研究区的地质背景、成矿的地质条件，对苏门答腊岛的成矿区带进行了初步划分：Ⅰ级成矿带属于特提斯成矿域，Ⅱ级成矿省（带）为苏门答腊岛铜金铅锌银钼钨锡铁成矿省，Ⅲ级成矿带为苏门答腊铜金铅锌成矿带（Ⅲ$_1$）和苏门答腊锡成矿带（Ⅲ$_2$），苏门答腊锡成矿带进一步划分为梅迪亚（中央）苏门答腊构造带锡矿成矿带（Ⅳ$_1$）和廖内群岛-邦加勿里洞锡成矿带（Ⅳ$_2$）两个Ⅳ级成矿带。对成矿带的地质矿产特征进行了总结。

(8) 总结了区域找矿标志，对区域找矿方向进行了探讨，圈定了 4 个 A 类成矿远景区和 4 个 B 类远景区。

2 区域成矿地质背景

苏门答腊岛呈北西向展布,它位于巽他大陆的西缘,是欧亚大陆的南延部分。巽他大陆形成了欧亚板块内呈东南向的隆起,包括缅甸、泰国、印度支那(老挝、柬埔寨、越南)、马来西亚半岛、苏门答腊岛、爪哇岛、婆罗洲和巽他陆架,巽他大陆处在印度-澳大利亚板块、菲律宾板块、欧亚板块的接合部位(图2-1)。

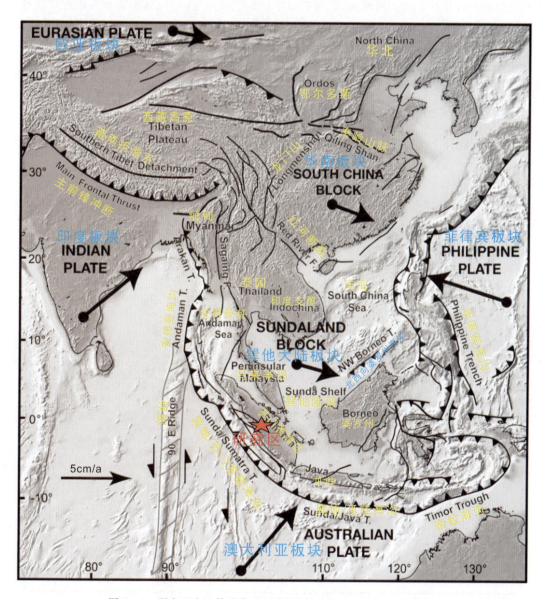

图2-1 研究区大地构造位置示意图(据Simons et al,2007修改)

2.1 岩石地层

苏门答腊岛地区前新生代基底广泛出露于巴里散山脉,巴里散山脉未定年的片麻状岩石则代表前石炭纪的大陆结晶基底。较古老的岩石主要位于苏门答腊岛断层系统的东南方,均显示一定程度的变质作用,位于断层西南的地区主要由变质程度不等的侏罗纪—白垩纪岩石组成。前古近纪基底被二叠纪至晚白垩世的花岗岩深成岩体穿切。巴里散山脉内局部的基底被古近纪和新近纪火成岩侵入,在东北和西南部上覆有古近纪和新近纪沉积盆地内的火山碎屑岩和硅质碎屑岩,该沉积盆地沉积层富含烃(油和气)及煤。这些盆地分布于第四纪至现代火山弧的弧前、弧后和弧间。在整个巴里散山脉,来自年轻火山的熔岩和凝灰岩覆于较老岩石之上,尤其是覆盖了多巴湖附近北苏门答腊岛的广大地区(图2-2)。近代的冲积物充填了巴里散山脉中沿着苏门答腊岛断层线分布的小规模地堑,并覆盖了整个苏门答腊岛上的低地。这些冲积物为河流成因,与巴里散山脉直接毗连,但向岛东北和西南边缘逐渐过渡为沼泽、湖泊和海岸沉积物。

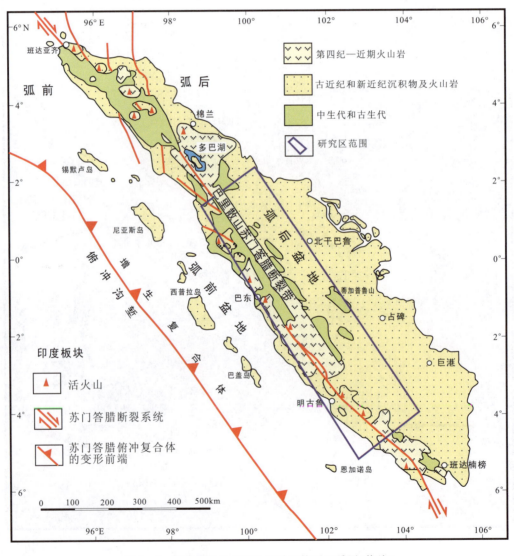

图 2-2 苏门答腊岛主要地层单元简要地质图(修编)

苏门答腊岛出露地层分为古生代—中生代基底地层单元、新生代(古近纪—新近纪地层单元和第四纪地层单元)地层。

2.1.1 古生代—中生代基底地层单元

中生代和古生代作为苏门答腊岛的地层基底,分为前石炭纪基底,石炭纪—早二叠世地层单元,中二叠世—晚二叠世地层单元,中三叠世—晚三叠世地层单元和侏罗世—中白垩世地层单元(表2-1)。

表2-1 苏门答腊岛前古近纪地层单位

新生代		沉积岩和火山岩
白垩纪	沃伊拉群 (Woyla)	火山岩——本塔洛(Bentaro)组
		礁相灰岩——拉莫(Lamno)组
侏罗纪		蛇纹岩、状熔岩、硅质岩、杂砂岩 ——格目旁组、拉莫米特组(Lam minet)
三叠纪	珀三甘群 (Peusangan)	砂岩和页岩,硅质岩-夸路组、图户组
		灰岩——斯图图组、巴图米米组
		火山岩、砂岩、灰岩、页岩——帕乐
二叠纪		帕组、司龙康组、蒙卡让组
石炭纪	塔巴奴里群 (Tapanuli)	邦古鲁兰苔藓虫层
		冰碛岩——波霍罗克组、门图路组
		灰岩——阿拉斯组、关丹组
		砂岩和页岩——尕略特组、关丹组
泥盆纪和 早古生代	?	? 钻孔中
前寒武纪基底	? ? ?	喷出岩熔结凝灰岩和侵入岩含锡 花岗岩表明有一个下伏的大陆基底 (未见露头确认)

注:本表由 DMR/BGS 苏门答腊岛北部工程(Cameron et al,1980)提出,并用在 GRDC(即 Geological Research and Development Centre,简称 GRDC,为印度尼西亚地质研究与发展中心)出版的北苏门答腊岛地质图上。McCourt 等(1993)把这些单位扩展到苏门答腊岛南部。

1. 前石炭纪基底

在北干巴鲁东北 85km 的 Pusaka-1 钻孔中,发现了页岩及其石英岩夹层,这个钻孔位于马六甲海峡鲁帕岛泥盆系—石炭系界线附近,存在孢粉化石,根据这个证据界定了东部苏门答腊岛的一个晚古生代"石英岩岩层";从来自苏门答腊盆地中部地层钻孔中的花岗岩也获得了 426 ± 41.5Ma(志留纪)及 335 ± 43Ma(早石炭世)的 Rb-Sr 年龄;在苏门答腊岛中部 Rao 地区附近侵入石炭纪地层的脉岩内的捕房体中,发现了片麻状岩石,这些可能来自底层的结晶基底。

2. 塔巴奴里群(Tapanuli)[石炭纪(?)—早二叠世]

苏门答腊岛石炭纪(?)—早二叠世时期岩石主要有碎屑沉积岩,如石英砂岩、粉砂岩、含砾砂岩和泥岩等,变质岩有云母片岩、大理岩、石英岩、板岩、千枚岩等,碳酸盐岩为块状灰岩。

该类岩石被归类为塔巴奴里群(Tapanuli),分为 5 个组:波霍罗克组(Bohorok)、尕略特组(Kluet)、阿拉斯组(Alas)、邦古鲁兰苔藓虫层(Pangururan Bryozoan Bed)、关丹组(Kuantan)(Cameron et al,1980;Pulunggono,Cameron,1984)。

1)波霍罗克组(Bohorok)

波霍罗克组是以产在波霍罗克河来定名的,距离棉兰以西大约 65km(Cameron et al,1982a)。

波霍罗克组的典型岩性是不成层的"含砾泥岩"。分选差的角砾岩或砾岩由棱角到次棱角状的岩石碎片组成,通常大小为 0.1~2.0cm,但可达到 10cm 不等,而在巴东实林泮区(Padangsidempuan)东北部和亚齐东部甚至多达 75~80cm(Aspden et al,1982b)。岩石碎片封藏在暗灰色或深棕色的细粒粉砂岩或泥岩基质中。砾石包括脉石英、板岩、绿泥石片岩、片岩、千枚岩、绿色硅钙质岩石、石灰岩、大理岩、石英砂岩、石英岩,很稀少的云母片岩和花岗岩,间或有电气石、少量的燧石和流纹岩。

波霍罗克组普遍受到低程度变质作用的影响。邻近的火山侵入泥质岩,包括含砾泥岩的基质,均转换为片岩或角岩,常含堇青石和电气石。

波霍罗克组的沉积物中明显缺少化石。含砾泥岩为在冰川-海洋环境下形成的混杂陆源沉积物(Cameron et al,1980)。含砾泥岩露头已经被用来识别滇缅泰马地体(分为 Siam,Burma,Malaya,Sumatra 4 个部分),该地体从苏门答腊岛一直延伸到中国南部(Metcalfe,1984)。

2)阿拉斯组(Alas)

阿拉斯组是根据出露在棉兰图幅地势较低的阿拉斯河谷命名的。因它所出露的地理位置而著名。出露点主要有苏门答腊断裂系统内的地堑、波霍罗克组和尕略特组(Kluet)露头之间的地带,以灰岩和变质灰岩为主。在出露岩层中还包括页岩、粉砂岩、砂岩、灰岩,有时会有钙质石英杂砂岩和砾岩,它们与波霍罗克组的岩性相同,由于没有含砾泥岩,因此岩性也与尕略特组类似。

阿拉斯组石灰岩有时呈鲕粒状,可见交错层理,具有丰富物种化石、石燕贝目腕足类和一些珊瑚虫化石。然而,石灰岩经常变质成块状粗粒晶体,有时变质成为含金云母石墨大理岩,有时也会变质成为钙质片岩。大理岩和钙质片岩的形成与板岩、千枚岩、云母片岩有关,局部含石榴石、黑云母角岩[含堇青石和(或)红柱石]、石英岩,以及更稀少的片麻岩、混合岩、糜棱岩和碎裂岩(Cameron et al,1980)。

3)尕略特组(Kluet)

尕略特组是根据沿着塔帕土安(Tapaktuan)北部的巴里散山脉的 Krueng Kluet 地区的露头而命名的。该组主要由占主导地位的黑色板岩和千枚岩、石英砂岩以及砾状变质杂砂岩组成,变质杂砂岩含有岩屑碎屑,粒径达 40cm。分选差的火山碎屑杂砂岩沿着实武牙到 Tarutung 的公路分布。砾岩中碎屑的大小和比例在从东北至西南的露头中逐步变小,局部可见钙质层和碎屑石灰岩。虽然在 Krueng Kluet 典型地区以及斯地卡郎(Sidikalang)(Cameron et al,1982b)可见递变层理、泥碎屑、滑塌单元、重荷模和脱水构造,也发现典型沉积岩-浊流岩,但是该区砂岩一般呈块状,且普遍不发育沉积构造。尕略特组的岩石中还没有发现能够准确对其定名的化石。

尕略特组是变质岩石,主要表现为板岩等级上,但显示了不同程度的变质作用。发生的变质作用归因于接触变质作用(Cameron et al,1982a),对角岩和红柱石板岩显然如此,但对含石榴石和十字石片岩的形成不太确定。

4)邦古鲁兰苔藓虫层(Pangururan Bryozoan Bed)

在斯地卡郎幅(Sidikalang)邦古鲁兰多巴湖的西岸,邦古鲁兰苔藓虫层由含化石的钙质粉砂质泥岩和石灰岩组成,具有丰富的浅海动物群化石。石灰岩中含有丰富的贝壳残骸,包括腕足类、苔藓动物和海百合类碎片及一些斧足类动物。在风化层理面上,可见长达10cm的脱钙的扇形苔藓动物。随着高应力和低应力的交替发展和劈理的形成,该组灰岩经历了变形作用,这通过苔藓动物群的扭曲变形可以证明。该类石灰岩与砂岩互层,并与尕略特组的板岩有联系。通过化石组合大概认为其年龄范围是从晚石炭世到早二叠世,折中认为早二叠世是其最优年龄(Aldiss et al,1983)。

5)关丹组(Kuantan)

关丹组是根据关丹河流(Batang Kuantan)的露头而定义的。关丹组从巴东实林泮到巴东沿着巴里散山脉中心延伸。

关丹组下段主要由石英岩、石英砂岩以及少量的砾岩和页岩夹层组成,通常变质成为板岩或千枚岩。细粒砂岩一般呈现递变层理、小规模的交错层理、波纹和滑塌构造。该段的次级组分包括棕褐色燧石、绿泥石化凝灰岩和火山岩。

千枚岩和页岩段主要含有硅质黏土岩、红褐色页岩和千枚岩,可见石英岩、粉砂岩、深灰色燧石和安山质—玄武质火山熔岩流夹层,这也是区分上段与下段的主要标志。

在索洛克(Solok)北部北干巴鲁幅(Pakanbaru),关丹组区分为帕湾(Pawan)单元和普瓦海角(Tanjung Puah)单元。帕湾段出露在卢布西卡平(Lubuksikaping)的东部,由强烈褶皱的白云透闪绿泥碳酸盐片岩组成。在西南部出露的普瓦海角单元,地层岩性与帕湾段非常相似,包含石英片岩。这两个单元显示了早期的垂直或陡峭的倾向西南的等倾褶皱,褶皱轴向近东西或北西-南东方向,后期等倾褶皱变为北西-南东向的直立褶皱。这些高度变质岩可能代表早期变质基底的碎片,或代表一个到目前为止还未被承认的缝合带,该缝合带的岩石类型包括透闪石和绿泥石片岩。

在索洛克幅中发现了关丹组的一个灰岩段,主要由块状黑色、白色、灰色、淡红色石灰岩组成,局部含不规则状燧石结核,并具有石英岩和硅质页岩夹层。

3. 珀三甘群(Peusangan)(二叠纪—三叠纪)

苏门答腊岛二叠纪—三叠纪时期岩石分为二叠纪碎屑沉积物和碳酸盐岩、三叠纪碎屑沉积物和三叠纪碳酸盐岩,该类岩石被归类为珀三甘群。

珀三甘群定义:根据从塔瓦湖(Tawar)向北流到安达曼海(Andaman)的珀三甘河流而命名。它的变形明显比塔巴奴里群要少。因为二叠纪—三叠纪单元的露头太分散和关系的不确定,每个露头都被赋予不同的地层名称。很多单元包括石灰岩,某些是含有化石的,因此年龄可以准确地确定,其他的由于重结晶作用以致无法识别出化石。研究区及附近出露的地层单元分为11个组:夸路组(Kualu)、促八大组(Cubadak)、立马马拿斯组(Limau Manis)、特陆克都组(Telukkido)、图户组(Tuhur)、司龙康组(Silungkang)、巴里散组(Barisan)、帕乐帕组(Palepat)、恩高组(Ngaol)、蒙卡让组(Mengkarang)、武吉盆都坡组(Bukit Pendopo),下面依从北到南的顺序描述这些地层单元。

1)夸路组(Kualu)

夸路组以小的、独立的露头出露在棉兰南部的多巴(Toba)地区,绝大多数位于Rantauprapat西北和多巴湖南。

在夸路河(Sungai Kualu),该地岩性为薄层砂岩、玄武岩、粉砂岩和泥岩。泥岩往往是碳质的,含有树木和植物碎片。地层序列的上部则更富砂质,为含有交错层理,负荷、槽模和滑塌构造的砂岩单元。

2)促八大组(Cubadak)

该组以绕格果然本(Rao Graben)西侧到卢布西卡林(Lubuksikaping)北部的促八大河(Air Cubadak)地区而命名(Rock et al,1983)。

该组由具有暗灰色层状泥岩夹粉砂岩和火山碎屑砂岩组成。

3)立马马拿斯组(Limau Manis)

把促八大河(Air Cubadak)到立马马拿斯(Limau Manis)北部出露的岩层定义为立马马拿斯组(Limau Manis)。

该岩性包括含有灰岩和酸碱性岩浆物质碎屑的角砾岩,其次为凝灰质泥岩、交错层理的火山砂岩(这些交错层理指示岩石物源为西北部)以及生物碎屑浊积岩。这些钙质浊积岩富含改造的纺锤虫化石和中晚二叠世的珊瑚化石。泥岩含有丰富的菊石化石。

4)特陆克都组(Telukkido)

Rock 等(1983)根据河流的名字把出露在巴西彭阿拉扬(Pasirpengarayan)和卢布西卡平之间的岩石定义为特陆克都组。

这些岩石为深灰色石英砂岩以及含有少量灰岩和薄层煤的页岩,也发现了由重结晶或泥质灰岩组成的灰岩单元。在当地这些岩石含有来自含黄铁矿石英岩的植物遗迹。虽然 Rock 等人(1983)把这个单元归入二叠系—三叠系珀三甘群,但他们认为最好把它归类到苏门答腊中部侏罗系拉瓦斯组(Rawas)。

5)图户组(Tuhur)

把广泛出露在索洛克幅中辛卡拉湖东南部的岩层定义为图户组。

该岩层后来向南扩展至派南—提目拉特木麻拉西比路幅(Painan - Timur Laut Muara Siberut),向东扩展至 Dibawah 和 Diatas (Rosidi et al,1976)。在帕亚孔布(Payakumbuh)东北有一个更远的岩层,横跨赤道进入北干巴鲁幅(Clarke et al,1982b)。

该组分为板岩、页岩和灰岩单元,板岩和页岩单元构成了岩层的主体,由灰—暗灰色板岩、黑色页岩和具有薄层灰色杂砂岩的棕色角岩组成。灰岩单元由弱层状砂质灰岩和块状化石砾状灰岩组成,伴有薄层页岩和板岩夹层。砾岩中的灰岩卵石含有二叠纪蜓类有孔虫化石。

6)司龙康组(Silungkang)

在辛卡拉湖东南部索洛克和沙哇伦多(Sawahlunto)之间的司龙康村周围的公路和河流段是司龙康组的典型产地(Klompe et al,1961)。

该组下部的火山单元由含有凝灰岩、石灰岩、页岩和砂岩夹层的角闪石和辉石安山岩组成。上部的灰岩由块状的夹有页岩、砂岩和凝灰岩的灰色灰岩组成(Silitonga,Kastowo,1975)。

7)巴里散组(Barisan)

把索洛克南部和苏门答腊断层东北部的千枚岩、板岩、长石砂岩、灰岩、角岩组成的露头定义为巴里散组。千枚岩和板岩叶理的方向与断裂的方向平行。

8)帕乐帕组(Palepat)

由安山岩、玄武岩和层间夹有粉砂岩和结晶灰岩的流纹熔岩和凝灰岩构成,认为该组是巴里散组的一个火山岩段。这也相当于上面所述构成司龙康组下部的火山岩单元。互层的灰岩有时候含有化石,在凝灰岩中也发现了腕足类和海百合的碎片。

9)恩高组(Ngaol)

恩高组被定义为位于派南幅东南部一个含有纺锤虫、苏门答腊岛虫(*Sumatrina*)和 *Siphoneae* 化石的灰岩单元(Tobler,1922)。在同一地区出现的高变质片麻岩、片岩和大理岩也"不适当"地包含在该单元内(Rosidi et al,1976)。Fontaine 和 Gafoer(1989)报道在恩高村塔比尔河(Tabir)下游的灰岩富含中二叠世化石,而上游的岩石时代是侏罗纪,建议不应该把恩高组作为一个独立的单元来识别,另外也许应该把该单元的二叠纪岩石视为司龙康组的一部分。

10) 蒙卡让组(Mengkarang)

蒙卡让组以其"占碑植物群"(Jambi Flora)闻名于世界,Suwarna 等(1994)根据蒙卡让河和邦科(Bangko)西南邻近河段的出露岩层为它定名。

蒙卡让组的岩石类型包括砾岩、砂岩、粉砂岩、泥岩,有时含有碳质岩、灰岩和薄层煤。砂岩分选差,砾岩和砂岩中的碎屑包括火山岩、石英岩和脉石英(Simandjuntak et al,1991)。

11) 武吉盆都坡组(Bukit Pendopo)

出露在拉哈特幅(Lahat)(Gafoer et al,1986b)一个残缺背斜核心部位的武吉盆都坡组灰岩含有丰富的二叠纪化石。

4. 沃伊拉群(Woyla)(侏罗纪—白垩纪)

苏门答腊岛侏罗纪—白垩纪时期的岩石被归类为沃伊拉群。沃伊拉群是以北苏门答腊岛的亚齐而定义的,以位于塔肯贡(Takengon)区的沃伊拉河命名的。

该地层单元可分为 3 个岩性组合:一个海洋组合,一个玄武-安山质岛弧组合和一个灰岩组合(Cameron et al,1980)。所有的单元都以断层边界透镜体的形式出现,在苏门答腊断裂系统的北东和南西两侧都有分布,并沿北西-南东方向拉长,与苏门答腊岛平行。海洋组合被大量小断层和推挤作用破坏,也已经被解释为在俯冲带上形成的叠瓦状增生的复合体(Barber,2000)。该岛弧组合和相关的灰岩被解释为火山弧与岛礁(Cameron et al,1980)。

海洋组合:该海洋组合包括蛇纹岩、辉长岩(呈块状或层状,通常蚀变成角闪岩)、玄武岩(常为枕状)、玄武质角砾岩、火山碎屑砂岩和粉砂岩、层状燧石、黑色或紫色页岩与细层状或块状灰岩。

岛弧组合:玄武-安山质火山岩被解释为岛弧组合(Cameron et al,1980)。

灰岩单元:巨厚层的灰岩,常常是重结晶的,也与岛弧组合相关,并解释为火山岛的岛礁。

在研究区内与沃伊拉群对应的纳塔尔地区、中部苏门答腊岛和南部苏门答腊岛可分为以下岩石地层单位。

1) 麻拉索马组(Muarasoma)

麻拉索马组出露在纳塔尔河流的上游部分和索马河支流地区。垂直走向测量出该地区岩石单元厚度为 5.5km(Rock et al,1983)。实测剖面的岩石类型包括裂开的黏土单元、页岩或板岩、巨厚层的灰岩,有时形成绿帘石化火山角砾岩和火山碎屑砂岩、绿泥石片岩和白云母-绿泥石石英片岩,另外还可形成岩溶灰岩石林。在该段上游末端,一个 10m 的团块(在绿泥石基质中具有细长绿片岩碎屑)可能是存在断裂或剪切带(Rock et al,1983)的构造成因。

2) 百洛克尕当组(Belok Gadang)

该组地层出露在纳塔尔河流地区中心部分,由砂岩(局部为钙质胶结)和泥质岩组成,常裂开且含有燧石条带和透镜体。燧石含放射虫,但迄今没有发现可用于确定该地层层序年代的代表性放射虫化石。在纳塔尔河流的支流百洛克尕当的典型露头中,可见枕状玄武熔岩、含有高岭土夹层和带褐锰矿的富锰岩层。分析表明,该枕状玄武岩是细碧岩(Rock et al,1982,1983)。在典型原地玄武岩之上覆盖着红色层状燧石,但是未发现可确认的放射虫化石。

3) 斯库布组(Sikubu)

该组地层出露在纳塔尔河流地区下游部分,由巨厚层火山碎屑变质杂砂岩和薄页岩夹层组成。该砂岩沉积构造非常发育,包括粒序层理、火炬状构造和卷积构造,发育典型的浊流层理。大规模的斑状安山质岩脉和熔岩流,含有明显的辉石斑晶,侵入或互层于该地区下游部分的沉积物。斑状安山岩碎屑与该岩墙和熔岩组分相同,以砂岩碎屑形式出现。

4) 因达郎组(Indarung)

该组地层露头分布在西苏门答腊巴东附近。这些露头出现在巴东以东近 15km 的道路、河流和因达郎附近采石场地区,它们被新近纪和第四纪火山岩、火山碎屑岩包围与覆盖。

这些露头的岩石类型是基性火山岩,其中可能包括枕状熔岩、火山角砾岩、凝灰岩、火山碎屑沉积物、放射虫燧石及块状或层状灰岩。基性岩局部变形变质,有时形成绿片岩。另一方面,灰岩和燧石基本上是不变形的,尽管在燧石中可见不和谐褶皱和在灰岩中出现轻微褶皱,灰岩可能是重结晶的(McCarthy et al,2001)。

因达郎组的枕状熔岩和燧石等同于亚齐地区的沃伊拉群的海洋组合。火山角砾凝灰岩和火山碎屑砂岩被认为是海山火山活动的产物,含有晚侏罗世至早白垩世化石动物群的巨厚层灰岩被认为是围绕着海山形成的岸礁的一部分(Mc Carthy et al,2001)。

5)斯棍图组(Siguntur)

该组地层出露在因达郎以南15km的斯棍图河(Sungai Siguntur)地区。

岩石类型为石英岩、粉砂岩和页岩,后者局部蚀变成板岩和紧密灰岩。该岩层走向为东西向,横断面向着整个苏门答腊倾向。在石英岩与板岩夹层可见层理和平行劈理,表明了岩石相比原岩发生了高度变形。

6)斯拉克组(Siulak)

该组的沉积岩和火山岩更深的露头分布在巴东东南150km的斯拉克(Siulak)地区,位于苏门答腊断裂带间的断块中。

这些沉积岩是钙质粉砂岩、钙质页岩和灰岩。页岩和粉砂岩是钙质的且含有棱角状石英碎屑。灰岩含有白垩纪化石。火山岩易蚀变成安山岩、英安岩,以及含普通辉石碎屑、角闪石、绿泥石和玻璃质的层状凝灰岩。这些岩石是巽他大陆(Sundaland)边缘安第斯弧火山活动的产物。

7)塔比尔组(Tabir)

该组地层出露在斯拉克(Siulak)以东60km处和塔比尔河(Batang Tabir)的苏门答腊断裂带东北侧。

出露岩层由红色砾岩、砂岩和凝灰岩组成。砾岩中碎屑包括石英和来自邻近的古生代安山岩碎片。

8)阿塞组(Asai)、盆塔组(Peneta)和拉瓦斯组(Rawas)

该地层与塔比组露头呈整合接触,向东南延伸到邦科(Bangko)南部,苏门答腊断裂的东北部的阿塞、盆塔和拉瓦斯出露大规模中生代岩石。

岩石类型有石英砂岩、粉砂岩、页岩和灰岩、凝灰岩。拉瓦斯组还包括安山岩-玄武岩熔岩流、凝灰岩和火山碎屑砂岩。这些沉积岩砾岩单元中的碎屑来源于局部的古生代基底。砂岩单元显示浊积岩特征。泥质单元见有北西-南东走向流劈理。

根据这些沉积物中原生碎屑岩的存在,尽管后来原生碎屑岩遭受变形,但显然是在巽他大陆基底原位沉积。这些单元被沉积在一个前陆盆地,而且是一个弧前盆地,与代表拉瓦斯组和塔比组火山熔岩流和凝灰岩的安第斯火山弧有关,这是个更可能的沉积环境。拉瓦斯组和盆塔组地层南部地区存在的玄武岩、辉绿岩和蛇纹岩表明,这些沉积物延伸到了大洋地壳。

9)洒领组(Saling)

构成古迈山(Gumai)内露头的北部洒领组,是由杏仁状和斑状安山岩与玄武质熔岩、角砾岩和凝灰岩、与原岩有关的蛇纹岩和燧石组成。

10)灵辛组(Lingsing)

该组位于古迈山内露头的南部,含有类似于洒领组的火成岩,与黏土岩、粉砂岩、砂岩、灰泥岩以及燧石互层。因此,认为洒领组和灵辛组是同期的。因为拉斑玄武岩与蛇纹石化超基性辉石岩和燧石有关,因此该组合与火山弧碎屑被视为洋底起源的蛇绿岩序列。

灵辛组被认为是沉积在半深海环境(Van Bemmelen,1949;Gafoer et al,1992c)。夹有碎屑沉积熔岩的存在,表明了灵辛组代表了远源火山岩流,火山碎屑沉积物和来源于火山弧的碎屑状碳酸盐岩,延伸到以层状燧石为代表的海底环境。

11) 色品提昂灰岩组(Sepintiang)

该组地层位于古迈山内露头,上覆地层洒领组和灵辛组与其不整合接触,由块状、角砾状和层状灰岩组成。色品提昂灰岩组与下伏单元之间的接触关系被认为是构造成因的(Gafoer et al,1992c)。色品提昂组灰岩与亚齐灰岩单元可以按照同样方式来解释,为火山弧周围的岸礁。

12) 加巴组(Garba)

该组地层位于加巴山地区,并以此命名。加巴组由杏仁状、斑状玄武岩和安山质熔岩组成。火山岩与剪切的蛇纹岩、透镜体和放射虫燧石夹层相关。

2.1.2 古近纪和新近纪沉积物地层单元

苏门答腊岛古近纪和新近纪出露的沉积物岩石可分为:凝灰岩沉积物、中新过渡沉积物、山间沉积物、浅海沉积物、碳酸盐岩沉积物、浊流岩、海侵沉积、粗粒碎屑沉积物等。

苏门答腊岛古近纪和新近纪地层单元分类术语复杂,引用《苏门答腊岛地质矿产及构造》(Barber et al,2005)一书中第七章第三纪地层中提出的地层单元分类,对各地层在岛屿地层构造发展过程中的意义进行修正并提出简单的术语,组的分类是根据前裂谷、地堑和地垒、海侵和海退构造地层阶段而划分的。苏门答腊最常用的组的关系如表2-2至表2-4所示。下面介绍研究区内及附近的出露地层。

1. 前裂谷阶段(始新世)

前裂谷期的沉积物很少分布在苏门答腊岛上,而较多分布在东南亚大陆其他地方,主要有两个组。

1) 坦普尔灰岩组(Tampur)

该组由大量的含燧石瘤的重结晶灰岩及白云岩组成。该单元含有灰质砾岩基底、生物砂屑灰岩及生物泥屑灰岩。

2) 米擦里组(Meucampli)

该组广泛出露在巴里散山脉的北端北苏门答腊北西部,与前古近纪的基底为不整合接触。它们由互层的砂岩、粉砂岩和页岩组成,并伴有灰岩、复矿碎屑岩、火山砾岩夹层;砂岩含有沟槽、交错层理和粒序层理。该组在河流、沿海和有限的海洋环境中沉积。

2. 地堑地垒时期(晚始新世—渐新世)

在中苏门答腊裂谷沉积的地层单元以帕马塘组(Pematang)和克乐洒组(Kelesa)两个组为代表;在南苏门答腊盆地,裂谷沉积以拉哈特组(Lahat)和勒马特组(Lemat)两个组为代表,它们与中苏门答腊的帕马塘组相似。索洛克附近的昂比林盆地(Ombilin),是一个山间盆地。昂比林盆地的地层与中苏门答腊东部盆地的地堑的地层相当,以布拉尼组(Brani)和桑卡热旺组(Sangkarewang)两个组为代表。

1) 帕马塘组(Pematang)

地层单元由大量的红、绿、灰、黑的粗粒角砾岩组成,伴有细—中粒的砂岩、黏土岩和页岩,并含煤线。地层沉积环境以陆相为主,有崩塌、冲积扇、封闭的河湖相和小型海相。在封闭环境中沉积的页岩有机质含量高,含有被认为是石油源岩的帕马塘组棕色页岩。受侵蚀、风化和土壤作用,连续的地层里局部呈不整合接触。

2) 克乐洒组(Kelesa)

该组为帕马塘组向南部延伸的部分,它的岩性与帕马塘组相似,不同的是前者含凝灰质页岩。

3) 拉哈特组(Lahat)

该组出露于地垒布鲁山(Tigapuluh)和Duabelas山脉山脚,其沉积物包括角砾岩、砾岩和层状绿—灰色砂岩,沿着盆地边缘伴有火山岩夹层。在盆地的中部,钻孔里发现含有凝灰质页岩的粉砂岩。沉积物不整合于基底之上。砾岩包括板岩、千枚岩、变质砂岩、大理岩、玄武岩、安山岩碎屑和源自基底的石英脉。沉积环境从崩塌、冲积扇的河相向咸水的湖相变化。

表 2-2 苏门答腊岛巴里散山脉区构造地层表

年龄			区域构造地层阶段	巴里散高山区	昂比林山间盆地	东巴里散山丘陵区	沉积环境/岩石组分	
第四纪	更新世		海退期 巴里散山脉的隆起导致碎屑组分增加	火山岩层	侵蚀 拉瓦凝灰岩	皮塔尼组 皮塔下段	高山区主要为火山岩，快速抬升并侵蚀	
新近纪	上新世	晚					来自高山区的汇流增加	
		早		侵蚀	侵蚀/非沉积 昂比林组	特里萨组	高山区的主要火山活动以及第一次广泛抬升	
	中新世	晚	最大海侵期	火山岩层			大部分地区海相黏土沉积，只有在高山区有少量残余被侵蚀，岛屿局部珊瑚礁发育 山并区汇流增加	
		中	海侵期 巴里散山脉和马来亚地盾的下沉导致碎屑组分减少	侵蚀	昂比林组 底部	西哈帕组 上部 特里萨组底部		
		早		火山岩层	西哈帕组 下部 /孟泽拉组	西哈帕组 下部 泥十大组	高山区为火山活动并受侵蚀，在大面积基底洼地上的河流沉积	
古近纪	渐新世	晚	区域下陷开始 巴里散山脉和前弧后盆地首次分化 地垒地堑期		桑卡热旺组 布拉拉组		局部地堑被陆相沉积物充填、侵蚀、大部分地区为非沉积环境	
		早	断裂开始		侵蚀/非沉积	侵蚀/非沉积		
	始新世		裂谷前期 稳定克拉通最后阶段	侵蚀/非沉积			侵蚀/非沉积	

表 2-3 苏门答腊弧前地区构造地层表

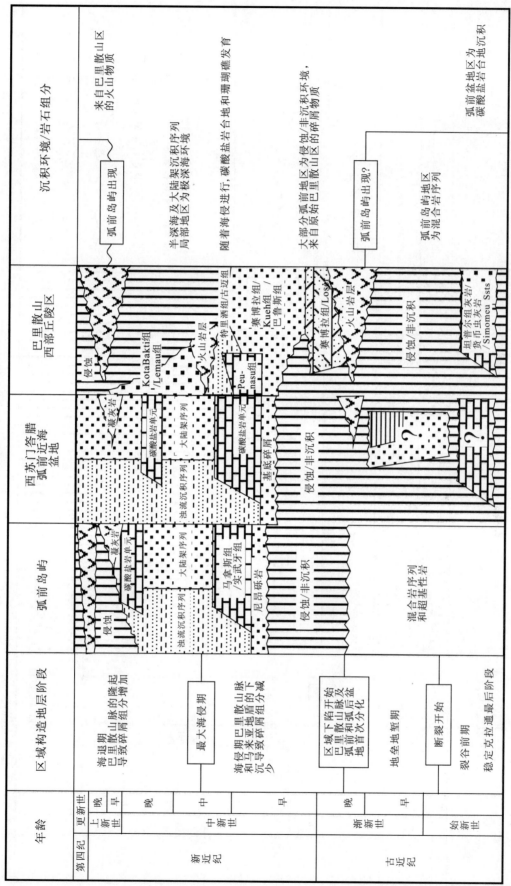

表 2-4 苏门答腊岛弧后盆地古近纪—新近纪构造地层表

年龄			区域构造地层阶段	北苏门答腊盆地	中苏门答腊盆地	南苏门答腊盆地	沉积环境	岩石组分
第四纪	更新世			侵蚀	侵蚀	侵蚀	陆相：砂岩和页岩含火山岩	
新近纪	上新世	晚	海退期巴里散山脉的隆起巴里散碎屑组分增加	Julu Rayeu组	米纳斯组/尼洛组	卡塞组	滨海相：砂岩含煤和火山岩	
		早		Scurula组	皮塔尼组/尼洛组	麻拉达尼组	海相：黏土含砂岩夹层	
	中新世	晚	最大海侵期	Keutapang组和Baong组上部 葛林芝组	皮塔尼组上部 葛林芝组	埃尔本卡通组	海相：黏土含砂岩夹层	
		中		Baong组下部	特里萨组	古迈组		三角洲砂岩
		早	海侵期巴里散山脉和马来亚地盾的下沉，巴里散碎屑组分减少	ArunLs组 Peutu组 Belumai组	西哈帕组上部/孟乔拉组	木明显 巴图伊扎组	陆相和三角洲相：片状冲积层砂岩含煤	
古近纪	渐新世	晚	区域下陷开始巴里散山脉及弧前弧后盆地首次分化	Peutu组底部	西哈帕组下部 帕马塘组/克乐洒组	拉哈特组/勒马特组	陆相：冲积扇和湖泊沉积	
		早	地垒地堑期		帕马塘组下部	塔郎卡组	北苏门答腊盆地区：局限海洋	
	始新世		断裂开始 裂谷前期 稳定克拉通最后阶段	Bampo组和Bruksah组 坦普尔组和米擦里组	侵蚀/非沉积	侵蚀/非沉积	北苏门答腊盆地和三角洲相	碳酸盐岩台地和 礁相灰岩

4) 勒马特组(Lemat)

拉哈特组与勒马特组相似,划分出一个粗粒段和一个细粒段,粗粒段为角砾岩、砾岩和砂岩碎屑。细粒段由灰—褐色的页岩、凝灰质页岩、粉砂岩和砂岩组成,伴有海相的煤、不规则的碳质夹层和含海绿石单元。当粗粒物质出现在细粒基质中时,称其为花岗质砂岩,它是附近花岗岩侵蚀作用的产物。细粒的岩体分布在盆地中部附近和该单元上部。拉哈特组和勒马特组属于中始新世晚期至晚渐新世时期。

5) 布拉尼组(Brani)

布拉尼组由红色角砾岩、砾岩和砂岩组成,形成壮观的悬崖,在至昂比林盆地北部武吉丁宜(Bukit Tinggi)附近分布。其划分为两段:以含砂浊积岩的湖相页岩为代表的色楼段(Selo)和岩层自下而上连续的库拉皮段(Kulampi)。

6) 桑卡热旺组(Sangkarewang)

该组地层为含黑色、灰色的层状页岩,富含植物残骸化石,含细—粗粒石英砂岩夹层。该地层常常有旋卷层理和大范围的滑塌构造。

布拉尼组和桑卡热旺组的沉积环境也是崩塌、冲积扇的河相和湖相。

3. 海侵期(晚渐新世—中中新世)

在中苏门答腊盆地,海侵早期广泛分布的河相沉积地层以拉卡特组(Lakat)(或者西哈帕组下段)和孟尕拉组(Menggala)为代表,在南苏门答腊盆地以塔郎卡组(Talangakar)为代表。海侵晚期大洋沉积地层在中苏门答腊盆地以特里萨组及其上覆的西哈帕组下段为代表,而在南苏门答腊盆地则以古迈组(Gumai)和巴图冉扎(Baturaja)灰岩为代表。昂比林盆地的河相沉积单元分为沙哇伦多组(Sawahlunto)和沙哇塔木邦组(Sawahtambang)。

1) 拉卡特组(Lakat)和孟尕拉组(Menggala)

中苏门答腊盆地的西哈帕组(Sihapas)出露在巴里散山脉的东部前陆区,在这里该群被划分为几个组。下部地层由河相的厚砂岩组成,含不定量的页岩夹层。它们包括拉卡特组(或者西哈帕组下段)和孟尕拉组。该沉积物为细—粗粒的砂岩,并伴有卵石的砾岩,局部有凝灰岩和煤线,物源为从河流向三角洲过渡的次级页岩。西哈帕组上覆海相沉积物,之上是单调的褐—灰色的钙质页岩、含海绿石的薄砂岩、粉砂岩和在海相环境沉积的特里洒组(Telisa)灰岩,该灰岩标志着海侵作用的高潮。

中苏门答腊盆地西哈帕组代表着三角洲和辫状河的沉积环境。这个单元分布于整个中苏门答腊盆地,代表更强烈的海侵运动,并伴随沉积源区的缩减。

2) 塔郎卡组(Talangakar)

南苏门答腊盆地的塔郎卡组与西哈帕组相似,前者的砂岩更薄,颗粒更小,部分被黏土岩取代(Spruyt,1956)。该组岩性包括灰—褐色的槽状砂岩、粉砂岩和含煤线的浅灰色的碳质页岩。砂岩的颗粒为细粒状—砾状,排列致密,含微量云母和黄白色的凝灰岩层。一些地层表面有黄铁矿、大量的硅化木和软体动物化石;作为石油和天然气良好储层的花岗质砂岩和浊积砂岩是塔郎卡组的代表岩石。沉积环境从河湖相至潟湖相和浅海相过渡。

3) 特里萨组(Telisa)

早中新世至中中新世早期的特里萨组海相砂岩上覆于西哈帕组。这个单元分布于整个中苏门答腊盆地,代表更强烈的海侵运动,并伴随沉积源区的缩减。

4) 古迈组(Gumai)

古迈组包括一系列单调的灰色有孔虫页岩、含薄海绿石夹层的细粒砂岩和粉砂岩、凝灰透镜体。含海绿色的砂岩和凝灰岩是巴里散山脉的重要岩石。

5) 巴图冉扎组(Batu raja)

巴图冉扎组为厚而广的灰岩层,局部可见堆积在基底上的碳酸盐岩建造。灰岩层由含海绿石的粒灰岩、泥粒状灰岩和薄页岩组成。碳酸盐岩建造由生物骨架灰岩和含珊瑚藻的黏结灰岩组成。该石灰岩向东延展至爪哇和爪哇海的油田。远处巨大的灰岩穿插含海相页岩夹层的灰岩层。

6）沙哇伦多组（Sawahlunto）和沙哇塔木邦组（Sawahtambang）

沙哇伦多组和沙哇塔木邦组是巴里散山脉的昂比林盆地的河相沉积单元。当这些单元直接位于基底之上时，广泛发育角砾岩。

沙哇伦多组主要由槽状砂岩、粉砂岩和含 16m 厚煤线的页岩组成。沉积环境从冲积扇到含煤炭沼泽的曲流河。露天矿区发现有铲状断层，揭示该区在沉积过程中经受拉伸运动。

上覆的沙哇塔木邦组主要由厚砂岩组成，砂岩发育大量槽状层理和交错层理，含凝灰岩和煤线的夹层。这套地层在平面延展空间上超过下伏的沙哇伦多组，直接覆盖在前古近纪基岩上。基底的角砾岩由基岩碎屑组成。

4. 海退时期（中新世中期—现代）

中新世中期，苏门答腊岛的区域沉降速度下降。然而，弧前和弧后盆地的继续下沉，致使巴里散山脉形成，巴里散山脉是重要的沉积物物源区。从中新世中晚期开始，弧后盆地的浊积砂岩成为深水相地层的重要组成部分。这些浊积地层包括中苏门答腊盆地的比尼组（Binio）（De Coster,1974）和皮塔尼组下段（Lower Petani）（Mertosono,Nayoan,1974），南苏门答腊盆地的埃尔本卡通组（Airbenakat）（Spruyt,1956）和弧前区的未定名的浊积岩。

晚中新世和早上新世，沉积物被向上带到浅海区、潮下带或三角洲沉积，形成的地层如下：中苏门答腊盆地的葛林芝组（Kerinci）和皮塔尼组上段（Upper Petani）以及南苏门答腊盆地的麻拉厄尼组（Muaraenim）。

直到晚上新世，主要的沉积物变为陆相的含大量火山碎屑的砂和黏土，形成如下地层：中苏门答腊盆地的尼咯组（Nilo）和米纳斯组（Minas）以及南苏门答腊盆地的卡塞组（Kasai）。

2.1.3 古近纪—新近纪火山岩地层单元

古近纪到第四纪期间苏门答腊岛上经历过 3 个明显的连续的火山活动周期：早新近纪（晚渐新世—中新世中期）、晚新近纪（中新世中期—早第四纪）和早第四纪。第一个周期以"古老的安山岩"为标志宣告开始，以中新世中期巴里散山脉隆起为标志而结束；第二个周期以基性物质的喷发为标志宣告开始，以伴随巴里散山脉第二次隆起的酸性环境为标志而结束。

出露的火山岩按时间和岩性可分为以下 4 种。

中新世—上新世火山岩：流纹英安岩、安山岩熔岩，少量的玄武岩、晶屑凝灰岩、角砾岩和集块岩；夹有凝灰质砂岩和泥岩的安山质—玄武质火山角砾岩。

中新世火山岩：安山岩熔岩、英安岩，部分玄武岩、角砾岩、集块岩、火山砾和火山碎屑沉积物，少量侵入岩。

渐新世—中新世火山岩：一般为绿色或灰色，斑状矿化的安山质至玄武质熔岩，夹有砂岩夹层的角砾岩和凝灰岩。

古新世—渐新世火山岩：熔结凝灰岩，混合凝灰岩和角砾岩。

苏门答腊岛地区火山活动和地层之间的关系见图 2-3。下面从老到新，对研究区内古近纪和新近纪的重要火山岩组进行描述。

1）克克（Kikim）火山岩组

克克火山岩组是指南苏门答腊古新世的火山岩和火山碎屑岩，在不同地区岩性不同（Mc Court et al,1993）。

古迈山脉里的克克火山岩组由火山角砾岩、流纹状凝灰岩、含沉积泥岩夹层的安山质—玄武质岩组成（Gafoer et al,1994）。

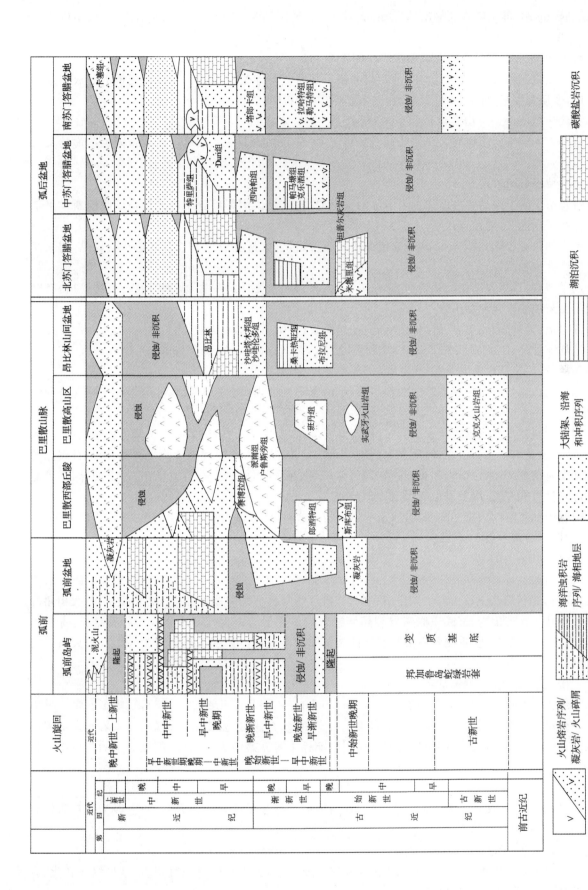

图 2-3 苏门答腊岛古近纪—新近纪火山幕、火山岩相以及沉积-侵蚀环境的分布（修编）

Kotaagung 幅(苏门答腊岛最南端)Gunung Dempu 地区的克克火山岩组为安山岩、火山角砾岩和凝灰岩,厚度小于 300m。

2)斯库布(Si Kumbu)浊积岩组

斯库布浊积岩组由火山碎屑岩流、浊积岩和微量的石英与钾长石组成。它被大规模的开放褶皱导致微变形,变质程度轻(葡萄石-绿纤石相),普遍含有绿帘石脉。

3)实武牙(Sibolga)火山岩组

实武牙火山岩组出露在实武牙地区,岩性为杏仁状安山岩,层间夹有分布于 Barus 附近的海陆交互相沉积物。

4)拉哈特组(Lahat)

拉哈特组出露于地尕普鲁山和古迈山脉的凝灰岩,它们组成南苏门答腊晚始新世—晚渐新世早期的地层。在不同地区,岩性有区别。

巴图冉加附近(Near Baturaja):为紫色的块状凝灰岩,含大量乳白色斜长石和透长石斑晶,偶见淡褐色的镁铁蚀变带。

南地尕普鲁山:为河湖相沉积物,含玄武岩、安山岩、板岩、变质沉积岩、大理岩及石英的碎屑,有时含少量的凝灰质粉砂岩和黏土岩。

南苏盆地:为砂岩、黏土岩、岩屑、角砾岩、花岗质砂岩,偶见煤层和凝灰岩。

班达加亚盆地(Bandar Jaya Basin):基底页岩,含大量火山碎屑(厚 220~900m)。

5)郎洒特(Langsat)火山岩组

郎洒特火山岩组分布在那塔尔河的西尽头,由出露不良的强风化的斑状基性熔岩和高碱含量的集块岩组成。

岩性为紫至蓝—黑色的斑状火山岩,含单斜辉石斑晶,少量斜长石,局部有红—紫色长石捕房体;基质高度含钾,主要由正长石组成,但是也含钠组分;绿泥石假晶的形成时间可能晚于橄榄石,长石斑晶的数量和蚀变是可变的;基性熔岩和表面附着物风化,呈洋葱皮状,偶尔夹石英或绿帘石,呈网脉状,可能与小的爆发性气孔有关;凝灰岩也有产出,但是不常见。

火山岩组的年龄约为早—晚渐新世,露头以断裂为边界,但岩体内没有产生变形;熔岩为高度斑状,富含单斜辉石,含细小斜长石。

6)班丹组(Bandan)

班丹组由酸性熔灰岩和混合凝灰岩组成,层序单调,厚 400~500m,被文象花岗岩穿插。露头沿走向绵延 26km,隐伏露头上覆盖有第四纪沉积物,该沉积物与葛林芝山地堑有关。致密凝灰岩、火山角砾岩和含砾凝灰岩由安山岩、玄武质凝灰岩和熔结凝灰岩的碎屑与古生代和中生代的岩石组成;青磐岩化、绿泥石化、硫化物矿化,推测是由沿断裂带的裂缝喷发造成的。该露头被解释为一个巨大火山口的侵蚀底部。

7)派南组(Painan)

派南组为巴东南东的"古老安山岩"(Van Bemmelen,1949;Rosidi et al,1976),是晚渐新世—早中新世火山弧区的主要出露岩石。这套火山岩主要由安山岩、玄武岩、安山质玄武岩、英安岩和火山碎屑岩组成。虽然早中新世次火山闪长岩的侵入作用可能标志着原始的火山中心,但是原始的火山中心仍然未知。

8)色拉特组(Seblat)

色拉特组下段为砾岩和碳酸盐岩砂岩透镜体;中段为凝灰质页岩和灰岩互层;上段为凝灰质粉砂岩、钙质黏土岩和海绿石砂岩。

9)户鲁斯旁组(Hulusimpang)

户鲁斯旁岩性为安山岩和玄武岩或安山质—玄武质熔岩,火山角砾岩和凝灰岩;常见绿泥石化、青磐岩化,并含硫化物和石英细脉(长约 700m)。

派南组包括浅水相的沉积层,而明古鲁南西的色拉特组代表与户鲁斯旁组熔岩相互贯穿的海相火山碎屑残留物。这些熔岩的青磐岩化蚀变到处可见,还发现有绿泥石化蚀变、硫化物和石英细脉,另外还有一些重要的第四纪浅成热液金矿床。

10)卢布西卡平组(Lubuksikaping)

苏门答腊很多早中新世晚期—中新世中期的火山岩组,在多巴湖以南的火山岩分布广泛,与熔岩和火山碎屑一起形成不连续的线状露头。

代表性地层如卢布西卡平组,其岩组岩性为各种各样的熔岩(英安岩、安山岩和玄武岩)、集块岩、角砾岩和凝灰岩,露头形态不一。

11)卡塞组(Kasai)

在南苏门答腊以火山碎屑卡塞组为代表。在苏门答腊岛北部和中部,上新世的火山碎屑岩被广泛分布的年轻的多巴凝灰岩覆盖。

岩性为凝灰岩和浮石质凝灰岩,含凝灰质黏土岩和凝灰质砂岩夹层,角砾岩单元里含 Manna 英安质熔岩(厚 20m)。

2.1.4 第四纪地层单元

苏门答腊岛第四纪岩石十分丰富,在山谷、山岭大河都有出露,其岩性如下。

1. 冲积层

冲积层为冲积物、湖泊和海岸沉积、沼泽堆积,主要为分布在滨海平原相的粉砂、砂砾沉积和黏土。

2. 第四纪火山碎屑沉积

苏门答腊岛有丰富的年轻硅质火山碎屑岩,这些碎屑岩与主要的破火山口形成事件和上地壳物质的熔融有关(Hamilton,1979;Gasparon,Varne,1995)。

苏门答腊岛上新世—第四纪 4 种主要的火山碎屑岩包括南苏门答腊的楠榜(Lampung)和拉瑙(Ranau)凝灰岩、中苏门答腊巴东凝灰岩、北苏门答腊多巴凝灰岩。其中,3 种与形成破火山口的大爆发有关,这些破火山口现在变成苏门答腊岛上 3 个主要的湖(拉瑙湖、马宁焦湖和多巴湖)。与楠榜凝灰岩有关的第四个喷发的火山口可能在 Krakatau 不远处的巽他海峡(Nishimura et al,1986)。

3. 第四纪岛弧火山岩

与活火山弧有关的火山岩广泛出露在苏门答腊岛,组分从少量玄武岩到大量安山岩和英安岩。

第四纪苏门答腊岛的岛弧火山岩包括钙碱性玄武岩、安山岩和英安岩,为典型的陆壳上火山弧岩石。火山岩的总体物质成分是均匀的,总结出来源于地幔岩浆上侵造成的地壳物质的同化作用可以解释苏门答腊岛的岛弧火山岩总体特征的形成,并可以解释这些火山岩比西巽他弧其他地区的岩浆含有更多的地壳物质。

2.2 侵入岩

2.2.1 岩浆演化特征

Barber 等(2005)提出一个古近纪前苏门答腊岛地体构造模式。苏门答腊岛自北东向南西,被划分为东苏门答腊地体、西苏门答腊地体以及沃伊拉推覆体 3 个长条状陆块。

西苏门答腊地体的岩浆侵入-火山活动特征与东马来半岛相似,具有强烈的石炭纪—二叠纪酸性岩浆侵入和基性火山活动，属于华夏体系；而东苏门答腊地体的岩浆侵入-火山活动特征与冈瓦纳体系暹缅马苏(Sibumasu)地体相似。

中生代印支期是东、西苏门答腊地体走滑、拼合、碰撞的时期，侵入岩比较发育，而火山岩不发育。

苏门答腊岛的燕山期岩浆活动完全受印度洋板块俯冲的控制，侵入和火山活动十分频繁，多产于东、西苏门答腊地体交界线附近。西苏门答腊地体侵入岩体为小规模的花岗岩体(图2-4)。

喜马拉雅期古新世岩浆活动集中在西苏门答腊地体。从地层层序来看，渐新世晚期地层与其上覆的渐新世早期地层之间有较大的沉积间断和角度不整合，表明始新世晚期苏门答腊大断裂对巴里散山脉的强烈隆起、火山喷发、沉积作用和古地理演化都有巨大影响。

2.2.2 侵入岩时代划分

根据侵入岩的同位素年龄数据，苏门答腊岩浆-构造旋回可划分为海西期、印支期、燕山期和喜马拉雅期。

1. 海西期

东苏门答腊海西期的深成岩同位素年龄的数据来自钻井资料。据基里、伊德里斯和塞提提等地钻井资料，获得了花岗岩长石Rb-Sr法同位素年龄为335～276Ma。其中，基里钻井中个别花岗岩的年龄值为427Ma，可能为中志留世的产物，证明东苏门答腊地体的结晶基底为前海西期古老大陆的一部分。

西苏门答腊地体深成岩带的辛卡拉克(昂比林)花岗岩、实武牙花岗岩和斯俊窨花岗岩的Rb-Sr等时线年龄和白云母K-Ar法同位素年龄为287～246Ma，显示其为二叠纪至早三叠世侵入体。

2. 印支期

印支期东苏门答腊地体侵入岩同位素年龄数据比较贫乏，属于含锡S型花岗岩，其资料主要来自伊德里钻井下的花岗岩的钠长石和白云母K-Ar法同位素年龄及贝鲁克钻井下的石榴石-白云母-电气石微粒花岗岩的K-Ar法同位素年龄，与西马来半岛中央山脉花岗岩省(暹缅马苏地体)的后碰撞S型花岗岩同位素年龄变化范围(247～143Ma)基本一致。

西苏门答腊印支期侵入岩较多，主要岩体有：实武牙花岗岩、苏普(Sumpur)花岗岩、苏利特河闪长岩和花岗岩、斯俊窨花岗岩、麻拉西邦基花岗岩和罗干(Rokan)花岗岩等(图2-4)。这些侵入岩的同位素年龄，变化范围为219～183Ma。其中，实武牙花岗岩为I型花岗岩，印支期I型花岗侵入岩属于火山弧，与东马来半岛岛弧花岗岩带的性质相似，而斯俊窨花岗岩(247～206Ma)为碰撞后S型和含锡花岗岩，与西马来半岛中央山脉花岗岩带的特征相似。

3. 燕山期

燕山早期(J_2—K_1)苏门答腊岛岩浆侵入和火山活动加剧，侵入岩全岩和黑云母K-Ar法同位素年龄为180～120Ma。

西苏门答腊地体燕山早期侵入体大多数以小规模的花岗岩和花岗闪长岩等酸性岩为主，以及少数辉长岩体(例如瓦伊苏兰岩体，年龄为151Ma)；该期岩浆活动在构造上与海洋板块俯冲的大陆边缘安第斯型火山弧有关，形成中侏罗世—早白垩世(J_2—K_1)I型侵入体(例如邦科花岗闪长岩、木阿拉花岗岩等)。燕山晚期岩浆侵入和火山喷发活动比较强，主要集中于中苏门答腊地体的丹绒加当、拉西花岗岩岩基，帕丁岩基等岩体(二长花岗岩、闪长岩和花岗岩)、南苏门答腊的加巴岩体(二长闪长岩、二长辉长岩、二长花岗岩、花岗岩)和苏兰英安闪长岩等，其黑云母、白云母的K-Ar法同位素年龄为120～75Ma。古迈地区和帕莱帕克地区的安山岩也很普遍，全岩K-Ar法同位素年龄为101～75Ma，形成一条北西-南东走向的燕山晚期岩浆-火山弧。

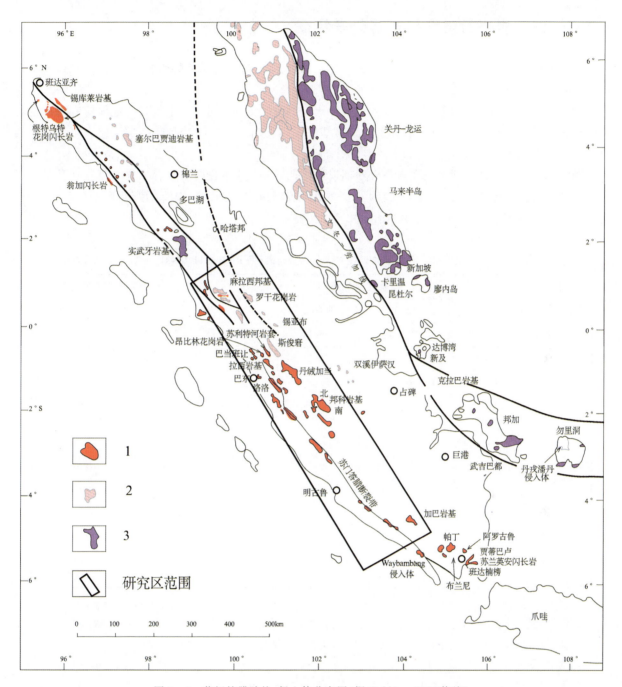

图 2-4 苏门答腊陆块-侵入体分布图(据 Cobbing,2005 修编)

1. 火山弧亲缘的黑云母-角闪石闪长岩、石英岩、花岗岩、闪长岩和二长岩,为 I 型侵入体,年龄 203～5Ma;2. 碰撞后的黑云母二长花岗岩,为 S 型花岗岩,某些含锡的年龄 247～143Ma;3. 东部区花岗岩为碰撞后地壳的 I 型黑云母和黑云母-角闪石二长岩,年龄 264～216Ma;虚线为苏门答腊西花岗岩区省的东部界线

4. 喜马拉雅期

喜马拉雅期岩浆形成的岩体有拉西(石英闪长岩体、黑云母英安岩、辉长岩、花岗岩)岩体、邦科石英闪长岩体等。早中新世晚期—上新世侵入岩只见洛洛深成岩、花岗岩,巴东南东的花岗岩、北苏门答腊盆地中英安岩等。

2.2.3 侵入岩岩石类型和岩石化学特征

苏门答腊岛岩浆侵入岩以酸性—中性岩为主。酸性岩可划分为两种特殊岩石类型：I 型和 S 型花岗岩。中基性岩见有辉长岩、闪长岩。

古生代岩浆活动以海西期花岗岩侵入和基性火山喷发为特征。东、西苏门答腊地体皆有海西期花岗岩侵入，表明苏门答腊岛皆具有前古生代结晶基底。印支期以前苏门答腊岛的岩浆侵入可明显地划分为 I 型和 S 型两类花岗岩。

西苏门答腊地体的实武牙花岗岩为海西期以后多期活动的 I 型花岗岩复合岩体。麻拉西邦基花岗岩位于苏门答腊大断裂以东，岩石类型为小型的闪长岩和花岗闪长岩，其 SiO_2 值变化于 58.00%～77.08%之间，含钾量较高，K_2O 为 1.38%～4.79%（表 2-5）。

表 2-5 印支期旋回侵入岩化学分析表（据 Rock et al,1983） （单位：%）

岩体	麻拉西邦基				劳劳多洛克	
样品号	R3019	R3107	R3304	R3306	R6135	R6138
岩性	闪长岩	闪长岩	闪长岩	闪长岩	堆晶状闪长岩	
SiO_2	58.00	57.84	60.23	59.56	47.90	46.90
TiO_2	0.65	0.61	0.63	0.60	0.29	0.29
Al_2O_3	16.72	16.56	16.21	19.86	23.20	25.00
Fe_2O_3	2.84	2.61	2.45	4.40	2.50	1.80
FeO	4.20	4.10	4.00	1.20	4.20	3.10
MgO	3.40	3.20	3.27	3.09	5.36	4.66
CaO	6.18	6.60	6.67	4.40	13.20	14.80
Na_2O	4.00	2.96	2.96	4.64	1.33	1.08
K_2O	1.72	1.70	1.70	1.38	0.41	0.51
P_2O_5	0.15	0.15	0.15	0.17	0.04	0.03

I 型花岗岩的地球化学和同位素年龄资料主要来源于南苏门答腊，但北苏门答腊的麻拉西邦基岩基 SiO_2 含量为 62%～68%，其 Rb-Sr 等时年龄为 158Ma，属于燕山早期的侵入体。

印支期侵入岩分别分布于西苏门答腊地体实武牙—苏利特河一带的花岗岩带。其为印支期花岗岩侵入带，没有明显的火山活动的痕迹，以板内活动走滑和拼合为特征。

S 型花岗侵入岩主要分布在东苏门答腊地体范围内，与锡相关的花岗岩具有 S 型的亲和性，它们广泛分布在苏门答腊岛，但很少出露。它们相当于马来半岛和印度尼西亚锡群岛主山脉内的花岗岩。

在研究区及附近该类岩体有哈塔邦、罗干、锡亚布、斯俊窘等，目前对哈塔邦岩体和斯俊窘花岗岩体的研究较多。

斯俊窘岩体位于巴里散山脉东侧的是一个非常大和难接近的岩体（K-Ar 法同位素年龄为 247～206Ma），其 SiO_2 值为 72.71%，与主要山脉和锡岛的 S 型花岗岩成分相似。

东苏门答腊地体哈塔邦花岗岩体为燕山晚期侵入体（Rb-Sr 等时代年龄为 80Ma），位于多巴湖南侧，是一个 24km²（6km×4km）的椭圆体，该花岗岩是一种粗糙的钾长石巨晶岩石，具有一个约 100m 宽的边缘带，由微晶花岗岩、细晶岩、伟晶岩和云英岩组成，渐变为普通花岗岩。该云英岩是强烈矿化的，具有锡石、黑钨矿和其他矿物，并有一个几百米宽的接触变质带，包含微花岗岩和伟晶岩岩脉和岩墙。其$(^{87}Sr/^{86}Sr)_i$比值为0.715，经过与华南不同成因花岗岩的$(^{87}Sr/^{86}Sr)_i$比值（徐克勤等，1982）对比，认为该花岗岩的$(^{87}Sr/^{86}Sr)_i$值较高（0.715），属于S型花岗岩的$(^{87}Sr/^{86}Sr)_i$值（0.706～0.719）范围，显示为S型亲缘关系，可能属于泰国—缅甸边界的白垩纪—三叠纪"西花岗岩省"的一部分。该岩体具有某些碱性亲缘关系，因为其地球化学判别图上表现为"板内花岗岩"模式，与暹缅马苏地体的"西花岗岩省"完全可以对比，说明其岩浆来源是壳源的，受到幔源物质的混染，具有同熔型花岗岩特征。

燕山早期一些岩体如麻拉西邦基、实武牙等为多期次的酸性复合体，此期侵入岩的岩石化学分析表明，SiO_2值变化很大，为50.83%～76.71%，岩石类型包括辉长岩至二长花岗岩。这种岩石特征与火山岩弧花岗岩类有着密切的亲缘关系。

燕山晚期岩浆弧以本塔洛—锡库莱（Sikuleh）—纳塔尔—古迈—加尔巴—塞卡拉姆邦（Sekampang）一线为代表的花岗岩，是向东仰冲于暹缅马苏地体之上的加积地体（沃伊拉地体）受到酸性岩浆强烈侵入的结果。这些岩体皆为I型花岗岩，侵入于大陆边地壳缘。

喜马拉雅早期是强烈的岩浆侵入和喷发活动时期，以拉西花岗岩（57～52Ma）和邦科花岗岩（54Ma）侵入为代表，属于I型花岗岩。

喜马拉雅晚期（30～1.6Ma）侵入岩为花岗岩、花岗闪长岩和闪长岩。

2.3 变质作用

苏门答腊岛变质岩主要分布在岛弧带，变质作用从古生代到中生代，变质程度较低，岩石主要有变质斑状流纹岩和英安岩、云母片岩、大理岩、石英岩、千枚岩、板岩、片麻岩。古生代和中生代变质沉积具有低级变质绿片岩相矿物组合和近平行的北西-南东向构造。

1. 前石炭纪基底的变质岩

苏门答腊岛最老的变质岩来自苏门答腊岛中部Rao地区附近。在侵入石炭纪地层内脉岩的捕虏体中发现了片麻状岩石，这些未定年的片麻状岩石则代表前石炭纪大陆结晶基底。

2. 石炭纪—? 早二叠世变质岩

该期地层发生的变质作用和程度有着不同的特点。

波霍罗克组地层普遍受到低程度变质作用的影响。邻近的火山岩侵入泥质岩，包括含砾泥岩的基质，转换为片岩或角岩，常含堇青石和电气石。

阿拉斯组石灰岩经常变质成块状粗粒晶体，有时变质成为含金云母石墨大理岩，有时也会变形成为钙质片岩。大理岩和钙质片岩的形成与板岩、千枚岩、云母片岩有关。

尕略特组变质岩由占主导地位的黑色板岩、千枚岩及砾状变质杂砂岩组成，变质等级为板岩，变质作用为接触变质作用。

关丹组是一套千枚岩、白云母-黑云母片岩、石英岩、大理岩、变质火山岩等岩石组合。关丹组下段主要由石英岩、石英砂岩和少量的砾岩和页岩夹层组成，通常变质为板岩或千枚岩。在苏门答腊岛中部的索洛克地区和派南地区，关丹组是出露的最古老的岩石，是变质沉积基底岩石单元，主要露头由低级变质泥质、砂质、石英质变质沉积和块状灰岩组成，是开放海洋沉积环境，为大陆架序列。关丹组在1:25万索洛克幅、派南幅及相关报告中，都被限定为石炭纪变质沉积。

3. 二叠纪—三叠纪变质岩

在图户组和巴里散组中出露有变质岩，主要为板岩、千枚岩，其变质程度较低。

图户组的岩石广泛出露在中辛卡拉湖东南部，该组分为板岩、页岩和灰岩单元，板岩和页岩单元构成了岩层的大部，由灰色至暗灰色板岩、黑色页岩和具有薄层灰色杂砂岩的棕色角岩组成。

巴里散组出露在索洛克南部和苏门答腊断层东北部，岩石主要由千枚岩、板岩、长石砂岩、灰岩、角岩组组成。千枚岩和板岩叶理的方向与断裂的方向平行。

司龙康组在辛卡拉湖东南部索洛克和沙哇伦多，岩石为单调的变质砂岩、板岩、千枚岩和变质页岩，包含一些灰岩夹层和不常见的沿东部边缘基础分布的火山岩。安山质到玄武质变质火山岩被认为是火山弧的残迹。

帕乐帕组分布有更多的大量的变质火山岩，在恩高的东部，变质火山岩与可能是早二叠世的变质基底构造接触。

4. 侏罗纪—白垩纪变质岩

本时期的变质岩为苏门答腊岛的沃伊拉群的因达郎组。

在苏门答腊岛中部巴东的辛卡拉湖西南部和苏门答腊断裂带西部出露的变质沉积序列，包括含化石灰岩和变质火山岩。这一序列被认为是晚侏罗世到早白垩世，而且与因达郎组部分相关。这一序列包括大陆架和增生楔"变质沉积"，并在区域上与沃伊拉群具有岩石学上的相似性。

因达郎组出露的岩石类型是基性火山岩，局部变形变质，有时形成绿片岩。灰岩和燧石基本上是不变形的，灰岩可能是重结晶的(Mc Carthy et al,2001)。因达郎组的枕状熔岩和燧石等同于亚齐的沃伊拉群的海洋组合。

2.4 区域构造

2.4.1 构造背景

苏门答腊岛的构造主要受当前俯冲体系的影响，这一体系是指印度洋板块以7cm/a的速率向岛东北部的下方俯冲。苏门答腊岛及其周围地区主要构造单元的定义都与苏门答腊俯冲系统有关。

弧前地区：主要包括俯冲海沟延伸到缅甸至印尼东部的巽他海沟的一部分，为发展中的增生集合体和印度洋板块分离组成的洋底成分，升高至海平面形成的弧前岛屿的弧脊，在弧脊之间的弧前盆地和苏门答腊大陆上的火山弧。

巴里散山脉和苏门答腊断裂系统：巴里散山脉由岩隆构成，这一岩隆由遭受了花岗岩不同变质作用、变形作用和侵入作用的晚古生代与中生代的沉积物和火山岩组成，上覆新生代的沉积物和火山岩，主要包括与构成目前活动火山弧的现代俯冲体系有关的火山产物。苏门答腊断裂系统是一个复杂的右旋走滑断层，在岛屿的纵向上连续，并从北西至南东贯穿巴里散山脉的中心地带，包含压缩和扩展的区域，形成可以构成断层系统沿线地堑的隆起和拉分盆地。这一平移断层系统的移动归因于印度洋板块向苏门答腊下方的斜向俯冲，将苏门答腊西海岸和西北的整个弧前地区变成一块"条状板块"(Curray,1989)。

弧后地区：从巴里散山脉向东北延伸，穿越马六甲海峡至马来半岛的东海岸，占据新近纪沉积盆地，由古近纪裂谷和沉陷以及新近纪至今的沉积物组成。沉积物受苏门答腊的褶皱、断裂以及含煤、石油和天然气资源的影响。

2.4.2 主要构造特征

2.4.2.1 构造单元划分

苏门答腊岛构造单元划分为弧前构造带、岛弧构造带和弧后盆地构造带(图2-5)。

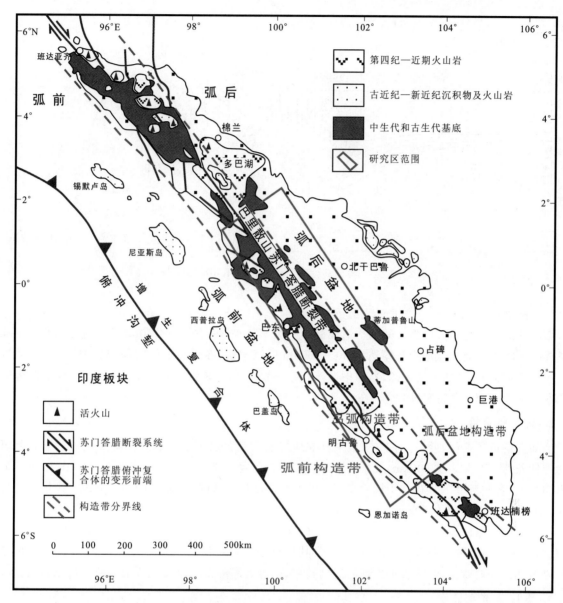

图 2-5 苏门答腊岛构造单元简图(据张文佑,1986 修改)

1. 弧前构造带

弧前构造带包括弧前隆起带、弧前盆地两个部分。

1)弧前隆起带

苏门答腊-爪哇海沟北侧的非火山构造带,其脊顶大部分处于海面之下 1000~3000m。脊顶向北西方向升高,在北苏门答腊外大部分水深浅于 1000m,也有几个高出海面数百米的岛屿,如雪马路岛、尼亚斯岛和明打威群岛等(图 2-6)。

弧前隆起带由构造混杂岩组成。混杂岩中有较老的地层、深海沉积和蛇绿岩套,它是仰冲和俯冲的构造隆起带。在不同的位置,构造混杂岩的厚度也各不相同,在苏门答腊外弧较大,在爪哇外弧较小。出露于岛屿上的构造混杂岩,主要是中等强度变形的沉积岩和结晶岩、复矿碎屑岩、橄榄岩、玄武岩、细碧岩、绿色片岩和闪岩等。尼亚斯岛构造混杂岩上不整合覆盖着中新世中期和时代更晚的沉积。

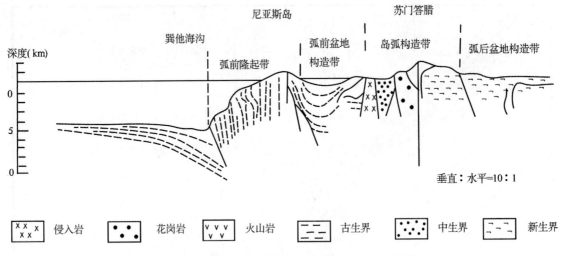

图 2-6 苏门答腊岛构造带示意图(据 Katili,1980 修改)

2)弧前盆地

弧前盆地是海沟与火山弧之间的构造坳陷带。大部分水深在200～2000m,弧前盆地两侧发育地壳断裂或基底断裂。断陷盆地内有厚达5000～6000m的沉积层,在火山岛弧边缘有轻微的变形,而近海沟的一侧变形强烈,并向外弧逆掩,盆地中部沉积层平缓。苏门答腊岛有两个弧前盆地,即西北部的实武牙盆地和西南部的明古鲁盆地。

2. 岛弧构造带

该岛弧构成了苏门答腊岛的主体,最主要的地形要素就是巴里散山脉。该山脉从班达亚齐到班达楠榜延伸长达1700km,宽100km,几乎与西海岸平行。大部分地区山脉高出海平面1000～2000m,局部高出3000m,各自独立的火山在山脉中分布,以葛林芝火山为中心,南部为Denpo火山。山区在北部最宽,达100km,南部较窄为50km。

尽管苏门答腊的前古近纪岩石主要形成了山地,由于热带雨林的密集覆盖以及强风化作用,它们出露较差,除了靠近主要公路和主要河流的地区,其他地区都很难抵达。大量灰岩通常出露较好,但是形成的岩溶地形非常难抵达,露头也出现河流的转石,还有海岸的露头以及一些采石场都可以看到。

3. 弧后盆地构造带

苏门答腊岛弧后区位于巴里散山脉和目前活跃的火山弧以东,是一个相对的低洼地区,并一直下降到马六甲海峡。区内有蜿蜒的河流,两岸的红树林沼泽分布直到海峡。在现代冲积和沼泽沉积的下方,这块区域的地层是古近纪和新近纪沉积物不整合在前古近纪基岩上,从而形成的一系列沉积盆地。盆地主要含石油、天然气,局部有煤炭。

弧后地区为北部的亚沙汉(Asahan)和地尔普鲁山弓形区,划分为3个弧后盆地:北苏门答腊盆地、中苏门答腊盆地、南苏门答腊盆地。下面对研究区涉及的盆地简要描述。

1)中苏门答腊盆地

中苏门答腊盆地形成于始新世—渐新世,为东西向扩张形成的一系列半地堑半地垒块体(Eubank,Makki,1981);古近纪时期,巽他板块与印度洋板块之间的转换边界形成了扩张的环境及巽他大陆西部的地壳扩张,从而形成了帕马塘型地堑建造。帕马塘型地堑发展可分为3个阶段。

(1)前地堑阶段:小地体沿之前存在的薄弱带旋转,开始是下部的红层沉积。

(2)地堑阶段:地体快速旋转及沉积,深的缺氧的湖泊形成,并有缓慢的褐色页岩组的沉积,并伴随着横向相变,如沿地堑和湖边分布的冲积扇。

(3)后地槽阶段:沉降速度变缓,晚渐新世海平面下降,致使地堑边缘的"磨损"和湖泊的干缩。随后,湖泊被红层组上部的粗碎屑沉积物充填。晚渐新世发生了一次小规模构造事件,上覆西哈巴斯组与下伏地层之间的重要不整合接触关系是其标志。

中苏门答腊盆地的构造与第一级的北西-南东走向右行走滑断层(苏门答腊断裂系)相关,它对应一个亚洲板块之下的印度洋板块向北倾斜的低角度俯冲带,并产生一个压扭系统。盆地内新近纪构造主要为北西西走向的褶皱、高角度逆冲断层和北北西—南北走向的右行走滑断层。这些都是与苏门答腊断裂带原始北西走向有关的第二级构造的特征。盆地内的小构造是二级北东向正断层和北北东向第三级右行走滑断层(Verral,1982)。一个更早的古近纪东西向扩张变形影响到前新近纪地层,产生了大的、南北走向的地堑,其中充填着帕马塘组。这一更早体系的不同压缩和周期性的运动,使得新近纪的构造系统被构造叠加。

中苏门答腊盆地的西部巴里散山脉中分布着一组雁列式的山间盆地,落在前古近纪的基底岩石之上。其中分布在研究区的有帕亚孔布盆地和昂比林盆地。研究最好的是西苏门答腊的昂比林盆地,位于巴里散山脉前缘南西方向15km处,离索洛克苏门答腊活动线南西方向约10km。这个盆地被古近纪和新近纪的岩石所包围,北东部是石炭系关丹组,南西部是二叠系—三叠系斯伦伦康组和图户组。在西北部第三纪沉积物被第四纪的马林塘(Malintang)和默拉皮(Merapi)火山群所覆盖。

这个盆地被认为起源于晚始新世到早中新世的一个半地堑,与在中央苏门答腊盆地形成地堑的伸展运动是同一个阶段。

2)南苏门答腊盆地

南苏门答腊盆地位于巴里散山脉的东部,并且延伸到其东北部的浅海,是在前古近纪末到古近纪初的东西向扩张时形成的。晚白垩世至始新世期间的造山活动将盆地切割成4个次级盆地。

盆地中现在的构造活动特征是由3次主要的构造事件造成的。它们是中生代造山运动、晚白垩世—始新世构造运动和上新世造山运动。前两次事件形成了基底构造轮廓,包括半地堑、地垒和断块沉积建造。最后一次事件,上新世造山运动形成了现在的北西-南东向构造及东北部的洼地。

2.4.2.2 前古近纪地质构造特征

Barber等(2005)提出一个前古近纪苏门答腊岛和马来半岛的地体构造模式,把前古近纪苏门答腊岛划分为:东苏门答腊地体、西苏门答腊地体以及沃伊拉推覆体3个长条状陆块(图2-7)。根据岩相古地理、古生物区系、岩浆活动和构造演化规律,东苏门答腊地体是属于冈瓦纳体系的暹缅马苏地体的南东方向端延伸部分,而西苏门答腊地体则属于华夏体系,它们的分界线为梅迪亚(中央)苏门答腊构造带(Hutchison,1994)。

1. 东苏门答腊地体

东苏门答腊地体的石炭纪至二叠纪地层与西苏门答腊地体截然不同,其地层层序是以发育着石炭纪维宪期温带动物和植物群落的阿拉斯组(Alas)灰岩、博霍洛克组(Bohorok)、门图卢组(Mentulu)泥质冰碛砾岩和以含早二叠世邦古鲁兰苔藓虫层为特征的地层,其生物群落面貌可与暹缅马苏地体(西马来半岛和泰国)相联系。

东苏门答腊地体(包括北苏门答腊和中苏门答腊)是属于文冬—劳勿缝合线以西的亲冈瓦纳的暹缅马苏(Sibumasu)地体的东南延伸部分的微大陆板块。有可能还包括了邦加岛和勿里洞岛,因为曾经有人在邦加岛南部发现冰川沉积的"卵石泥岩",与博霍洛克组可以对比。

2. 西苏门答腊地体

西苏门答腊地体的石炭系关丹组灰岩中则以盛产维宪期的热带动物和植物群落及发育有火山岩和缺少泥质冰碛砾岩为特征。其二叠系中含有华夏系动物群。这表明该地体自泥盆纪从冈瓦纳分离出来以后,便成为华夏区系的一部分。由于西苏门答腊地体的二叠系门卡兰组含有华夏区系早二叠世植物

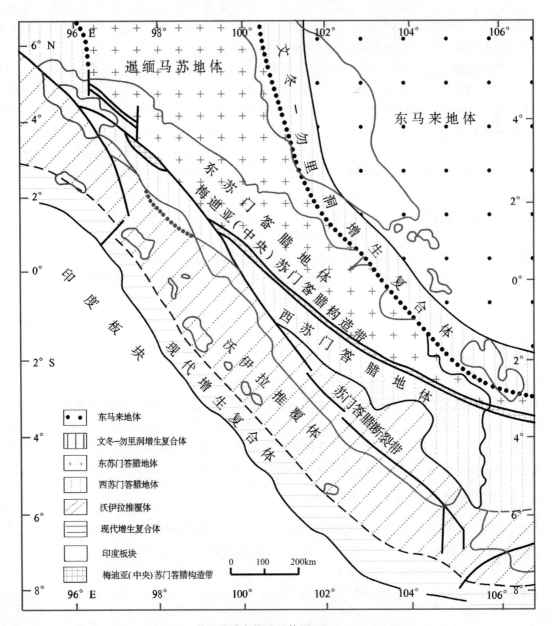

图 2-7 苏门答腊岛构造地体图(Barber et al,2005)

群(占碑植物群),Barker(2005)认为二叠纪时该地体是地体从华夏体系的印支地体南部的加里曼丹婆罗洲运移而来,而在中二叠世时与东苏门答腊发生碰撞、拼合,形成一条北西-南东向分布的长条状陆块。

3. 梅迪亚(中央)苏门答腊构造带(MSTZ)

梅迪亚(中央)苏门答腊构造带形成了一个高度变形的岩石区,分布在整个苏门答腊岛,它把逞缅马苏地体从西苏门答腊地体分离。MSTZ 被主要断层分为 3 段,该区北段紧靠对着 Samalanga 断层,通过古近纪沉积岩到断层以西的安达曼海;中央段沿着 Lokop Kutacane 断层向南被错断 50km;在实武牙附近的南段向东南沿苏门答腊断裂带被错断 150km。

MSTZ 北段以千枚状、片岩和片麻岩石区为代表;中央部分对应的是阿拉斯组的露头,以块状灰岩为特点。这在当地包含一个早期石炭纪的动物群,而且还包括砂岩、页岩,被确定为浊流沉积,与博霍洛克组类似。除这些灰岩以外,阿拉斯组为片岩、变质的绿片岩和角闪岩。局部地区灰岩被变质成粗粒石墨-金云母大理岩；南段一般出露较差，但关丹组的帕湾单元和普瓦海角单元呈北西-南东方向、带状分布在北干巴鲁和卢布西卡平之间。这些岩石单元由折叠强烈的白云母、透闪石、绿泥石、碳酸盐和石英片岩组成。本地细粒带状大理石与细粒绿泥石片岩互层，来自基性火山岩或凝灰岩。

MSTZ 在苏门答腊岛一直作为一个重要的构造边界。第一和第三构造带之间的边界沿此线，其透镜状第二区与帕湾单元和普瓦海角单元合并。第二区的岩性包括石英岩、千枚岩、页岩、辉绿岩、片岩、灰岩、放射虫硅质岩、花岗岩类砾石群和糜棱岩化角砾岩，这一区以锡矿化为特点。

4. 沃伊拉（Woyla）推覆构造

沃伊拉单元沿苏门答腊岛西海岸的班达亚齐，通过纳塔尔省和苏门答腊岛中部巴东北部山区到古迈山、加巴山、南部的班达楠榜，间断分布。

沃伊拉组有两种岩性组合，在苏门答腊岛北部，为海洋组合和火山弧组合，这种区别可以扩展到覆盖整个苏门答腊岛的沃伊拉推覆体。

海洋组合一般位于岛弧组合的东北，由蛇纹岩、辉长岩、镁铁质—中性火山岩、枕状玄武岩、玄武碎屑岩、火山碎屑砂岩、红色放射虫锰结核和稀少的石灰岩组成。这些岩石形成透镜状露头，通常被陡峭的断层分割，有逆冲推覆擦痕的证据，有时为走滑运动。层间混杂岩单位发生在海洋组合中，由其他单位在黏土或蛇纹岩基质中的角砾片组成。

海洋组合被解释为蛇纹石地幔橄榄岩、辉长岩和玄武岩大洋地壳组成的洋底序列，上覆叠瓦状海洋沉积物，在俯冲带形成增生楔。其中，大型块状灰岩有时在混杂岩中产出，被解释为来自海山的碳酸盐岩盖层。

在苏门答腊北部亚齐省西海岸的火山弧组合被描述为博霍洛克火山组合，它由玄武安山质火山岩（非枕状）、火山碎屑砂岩组成(Bennett et al,1981a)。火山岩与块状或层状灰岩组合有许多名字，其中 Teunom 灰岩是最典型的。这个组合被解释为代表碳酸盐岩岸礁及其沉积裙的大洋岛弧环境。类似的岩石组合类型出露在古迈山及南苏门答腊明古鲁的内陆。它们被确定为洒领（Saling）火山岩组合、Lingsing 组合（由火山岩和沉积物互层组成）以及 Sepingtiang 灰岩组合。

2.4.2.3 苏门答腊断裂带

1. 地质特征

苏门答腊断裂带是从北部安达曼海中心到南部的巽他海峡的一个转换断层，从安达曼海到巽他海峡，呈北西-南东走向，为右旋平移断层系统，分割了整个巴里散山脉。断裂带长达 1900km，在研究区长约 1000km，通过了苏门答腊岛的所有岩石单位，包括最新的火山凝灰岩和冲积物。断裂带的整体形态是一个大"S"形，赤道以北段凹向南西，而南段是凹向东北。沿整个断面，历史上和最近发生过频繁的地震，主要断裂分叉扩展到弧前和弧后地区。其中一些断块已经下陷形成湖泊，或已部分或完全被第四纪湖泊和河流沉积物充填(图 2-8)。

2. 年龄、位移

由于苏门答腊断裂带是一个转换断层，与安达曼海的洋中脊明确相关，最合理的假设是它和目前的安达曼海开放阶段是在中新世中期（约 13Ma）同时开始的。

在苏门答腊岛地图上，可以看到巴里散山脉被分成了一系列不连续的裂谷，一种"纵谷"，这种方式从北部的亚齐一直延伸到南部的色忙卡湾（Semangka）。沿断层段走滑运动导致位移。

在苏门答腊断裂系统的南端，爪哇岛和苏门答腊岛之间的巽他海峡自从中新世以来已扩张了约 100km，这个扩张是由沿断裂带的运动造成的。

通过在巴里散山脉沿苏门答腊断裂带的岩石单元错位距离来推断断层的移动距离。目前的研究发现，纳塔尔省和多巴湖之间沿苏门答腊断层发生了右旋位移 150km。在中苏门答腊岛，Posavec 等(1973)确定了东西向的穿过整个苏门答腊断层带的航磁异常。一系列风化作用越来越严重的火山机构

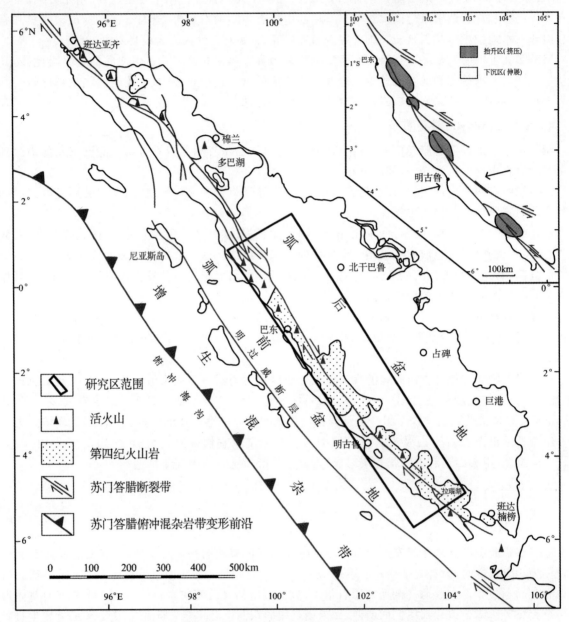

图 2-8 苏门答腊岛断裂构造简图（据 Hamilton，1979 修改）

一直延伸到了马宁焦火山（Maningjau）中心的西北直到巴东，这表明断裂西南的地壳相对于火山中心在向北西方向移动，表明右旋位移了 90km 的距离。另一方面，火山机构在断层的东北侧向东南错位了 35km，总的相对位移为 125km。这次活动必定发生在第四纪。

在苏门答腊岛中部，Hahn 和 Weber（1981b）根据跨越卢布西卡平断裂的二叠系—三叠系的马巴让河（Air Mabara）和搜畔（Sopan）花岗岩的粗粒相和细粒相的相关性，提出右旋位移 42km。Katili 和 Hehuwat（1967）、Posavec 等（1973）及 Sieh 和 Natawidjaja（2000），通过研究穿过苏门答腊断层的河道痕迹，认为右旋偏移 20～35km。同样，这些运动肯定发生在第四纪。

苏门答腊断裂带现在还在运动，经研究计算，巽他海峡附近的断层南端运动速率为 6mm/a（Bellier et al，1991，1999）；在南纬 5°位置，运动偏移率小于 10mm/a，在赤道附近为 10mm/a（Bellier et al，1991）。在断裂的北端，安达曼海扩张的速率为 40.4mm/a，中新世中期以来的平均速率是 37.2mm/a（Curray，1989）。

据计算,苏门答腊断裂在辛卡拉湖这一段,目前的右旋偏移率是23.5mm/a。

3. 断裂带和第四纪火山弧之间的关系

第四纪火山的中心和目前活跃的火山,都显示出其与苏门答腊断裂带有密切的关系。Posavec 等(1973)声称,这种联系特别是在中部多巴湖和南部色忙卡湾可见。当把火山的位置绘制在小比例尺地图上时,火山沿断层迹线每隔75～100km分布,就像一串珍珠。然而,根据绘制的断裂线,火山中心跨断层前后偏移。这是由于在过去的几百万年间,随着时间的推移,火山中心由于右旋运动,沿苏门答腊断层发生了位移。

2.4.3 构造演化特征

对东南亚及苏门答腊岛地区的构造演化,有许多学者进行了研究,Barber 和 Crow(2003)提出了一个修正后的苏门答腊岛构造演化的板块构造模型,这个模型是在数据和讨论的基础上修正的,在目前的解释中也更加准确。

2.4.3.1 二叠纪—三叠纪的古地层再建

图2-9所示一系列克拉通代表晚石炭世、二叠纪和早三叠世苏门答腊岛发展演化的主要构造事件。

根据 Sengor 等(1988)和 Metcalfe(1996)的研究,华夏陆块、华北陆块、华南陆块和中印陆块是在泥盆纪随着古特提斯洋的发展从冈瓦纳大陆分离出去的。至早石炭世,华夏群位于热带的纬度,西苏门答腊陆块构成了它的部分大陆南缘。大陆边缘沉积以关丹组的热带维宪期珊瑚-海藻动物群和植物群为主。

图2-9a显示的是毗邻华夏群的西苏门答腊地体在早二叠世的情况。在这个阶段古特提斯洋的俯冲开始于华夏群的南缘,在西苏门答腊形成了一条安山型的岩浆弧。这个岩浆弧主要以帕乐帕组、蒙卡让组和司龙康组的侵入花岗岩、火山碎屑岩及与热带动物和植物相关的沉积物为代表。俯冲作用及其相关的火山作用开始于早二叠世,并且沿着以东马来半岛为代表的华夏群的边缘地段,但是西苏门答腊地体并不立刻与东马来半岛毗邻。

图2-9b要说明的是在暹缅马苏地体从冈瓦纳大陆的分离发生在晚石炭世—早二叠世,通过伸展、裂谷以及在开放的裂谷形成新的洋壳而完成的。这个新的洋壳是中特提斯洋的一部分。与伸展作用相关的火山作用主要以波霍罗克组和门图鲁组的变质基性岩为代表。暹缅马苏地体的分离发生在北冈瓦纳大陆还被冰川和冰盖所覆盖的时候。在早二叠世暹缅马苏陆块向北移动,到达一个比较温和的环境,同时中特提斯洋开始扩大。

暹缅马苏地体位于南纬50°—60°之间,随着中特提斯洋的发展而逐渐在北西澳大利亚与阿尔戈陆块(Argoland)分开,而阿尔戈陆块则是在晚侏罗世从澳大利亚陆块分开,然后由 Metcalfe(1996)发现并被认为是西婆罗洲(Burma)。开放的裂谷向帝汶(Timor)和波拿巴(Bonaparte)裂谷扩张,当这两个裂谷形成坳拉谷的时候。在北方,暹缅马苏地体通过古特提斯洋与华夏陆块分开,古特提斯洋俯冲到华夏陆块的西缘和南缘之下。宽阔的古特提斯洋向北扩展到华夏群和冈瓦纳大陆(图2-10)。

西苏门答腊地体是通过沿着中苏门答腊构造带的走滑断层到达现今的位置,也就是暹缅泰马地体的外侧。

通过中二叠世的古地理再造,暹缅马苏地体随着中特提斯洋的扩张迅速地向北移动。中特提斯洋也向北扩张,将西苏门答腊与北冈瓦纳大陆分开。一个转换断层将中特提斯洋和古太平洋连接起来。古特提斯洋现今一大部分已经俯冲到华夏陆块之下,暹缅马苏地体北缘正在慢慢靠近华夏南缘(图2-11)。

a. 早二叠世古特提斯洋俯冲到华夏古陆边缘下面

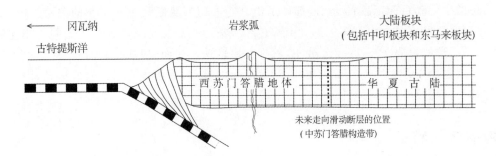

b. 晚石炭世—早二叠世遥缅马苏地体从冈瓦纳板块分离

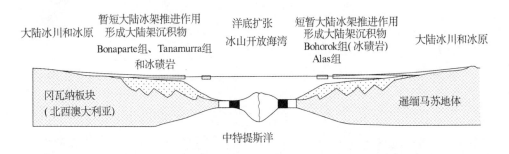

c. 晚二叠世—早三叠世西苏门答腊地体和遥缅马苏地体与东马来(印支)地体碰撞

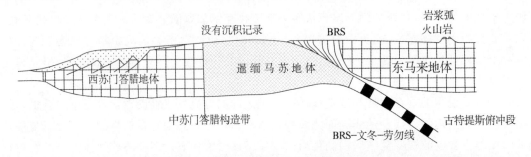

图 2-9 晚石炭世、二叠纪和早三叠世苏门答腊岛发展演化示意图(Barber and Crow,2003)
a. 早二叠世古特提斯洋、西苏门答腊地体、华夏古陆(中印地体)的关系演示;b. 在晚石炭世—早二叠世被冈瓦纳大陆(北西澳大利亚)和遥缅马苏地体的裂解以及中特提斯洋的形成;c. 晚二叠世—早三叠世遥缅马苏地体与东马来地体沿着文冬-劳勿线的碰撞,西苏门答腊地体沿着中苏门答腊构造带的走滑断层正对遥缅马苏地体而就位

图 2-9c 说明的是在晚二叠世—早三叠世时期,位于遥缅马苏地体和华夏陆块之间的古特提斯洋最后地段俯冲到华夏古陆之下,一直到达东苏门答腊地体和西马来地体(遥缅马苏地体),然后与东马来地体(中印板块)发生碰撞。这在晚二叠世的古地理图上也有显示(图 2-12)。这个碰撞主要以文冬-劳勿(Bentong-Raub)缝合线和其西部在 Semanggol-Bangka 复合体之上的伸展为标志。碰撞发生之后,这个碰撞带被花岗质深成岩侵入,同时伴随有锡矿化作用。

在早三叠世的古地理图上(图 2-13),西苏门答腊地体从华夏古陆的最东部沿着走滑断层通过中特提斯洋的海底扩张向西移动,到达它现今的位置,正对东苏门答腊地体。

在中—晚三叠世整个苏门答腊岛和马来半岛都受到了北东-南西向的伸展作用,形成了一系列南北向、北西和南东向的断裂构造(图 2-14)。受伸展作用的影响,从东马来半岛分离出来的整个地区都在

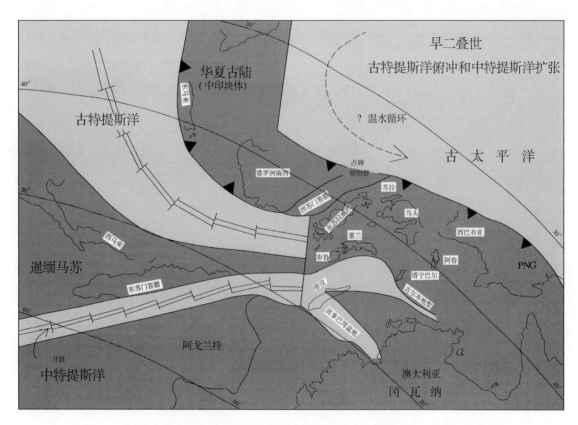

图2-10 早二叠世北东冈瓦纳大陆和东南亚岩层的古地理图(Barber,Crow,2003)

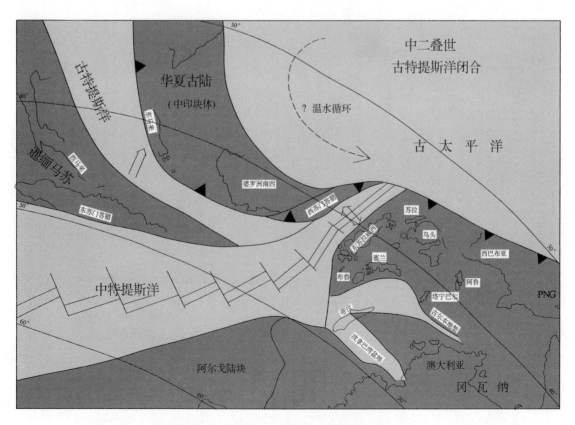

图2-11 中二叠世东北冈瓦纳大陆和东南亚岩层的古地理图(Barber,Crow,2003)

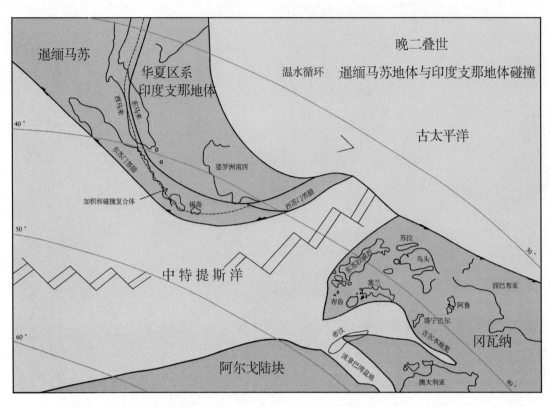

图 2-12　晚二叠世北东冈瓦纳大陆和东南亚岩层的古地理图(Barber,Crow,2003)

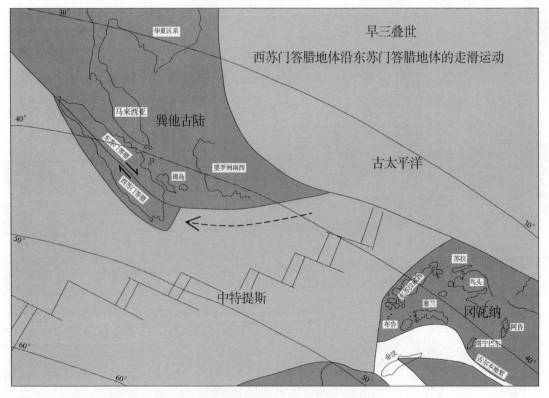

图 2-13　早三叠世北东冈瓦纳大陆和东南亚岩层的古地理图(Barber,Crow,2003)

海平面之下。碳酸盐岩主要在地垒块体之上沉积,而远离陆源碎屑沉积的地堑主要是一些层状燧石和薄层页岩沉积。在三叠纪末期由于花岗质岩石的侵入,马来半岛的东部发生了上浮,为陆源沉积提供了源区。地堑上主要是一些浊流沉积的砂岩和页岩,在更东部的地堑三叠纪末期的砂岩变得更加粗糙,而且更加呈现砾岩状。

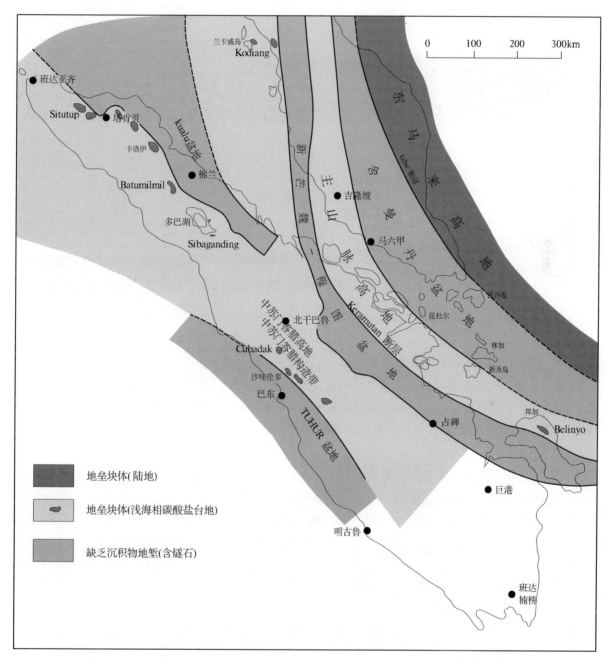

图 2-14　中—晚三叠世苏门答腊岛和马来半岛的古地理图(Barber,Crow,2003)

2.4.3.2　沃伊拉推覆体及巽他大陆边缘中生代的演化

侏罗纪—白垩纪的沃伊拉群是由火山作用的岛弧组合和其相关的碳酸盐岩及一些鳞片状的洋底物质组成的大洋组合构成的,主要分布在巴里散山脉。在沿着苏门答腊西部的中特提斯洋中形成一个洋内岛弧及与其相关的一个复合体(又称为沃伊拉加积复和体),其演化模型为一个双俯冲系统(图2-15)。

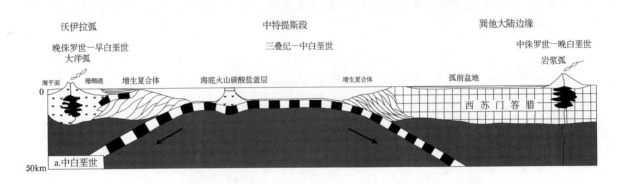

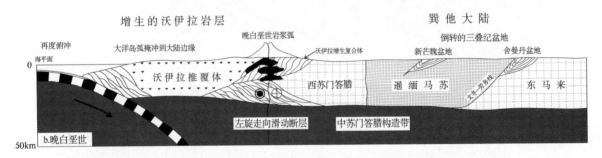

图2-15 沃伊拉岩层起源横截面图及晚中生代其在巽他大陆南西边缘演化过程示意图(Barber,Crow,2003)

1. 中侏罗世—早白垩世的安第斯型岛弧

随着早三叠世西苏门答腊地体走滑断层的就位,中特提斯洋的一段从巽他大陆的西海岸分离出来(图2-13)。这个大洋是在二叠纪通过暹缅马苏地体从冈瓦纳大陆的北缘分离而形成。在中侏罗世中特提斯洋开始向东俯冲,到达西苏门答腊地体西缘之下,正对着西苏门答腊块体出现一些洋底增生物质(图2-15a)。

2. 晚侏罗世—中白垩世的大洋岛弧

在晚侏罗世,俯冲向西发展,最开始可能沿着中特提斯洋中的一个南北向的转换断层,在洋壳上形成一个洋中岛弧(图2-15a)。在岛弧背部的洋底物质覆盖在复合体上形成沃伊拉群的洋底组合。至晚白垩世的早期,由于岛弧之下的俯冲和西苏门答腊地体之下的俯冲组合,最开始位于大洋岛弧和西苏门答腊之间的中特提斯洋已经完全俯冲到地幔中。岛弧及其相关的复合体然后与西苏门答腊地体的边缘发生碰撞,接着推挤到西苏门答腊之上形成了沃伊拉推覆体(图2-15b)。

3. 晚白垩世的大陆边缘

随着岛弧向巽他大陆西南边缘的增生,中特提斯洋向沃伊拉岩层外侧的俯冲重新开始。这也是图2-16所说明的情况,沃伊拉群的岛弧组合和大洋组合沿着巽他大陆边缘返回到它们最原始的位置。该现象是通过沿着苏门答腊断裂系统倒转后古近纪和新近纪的右旋运动来完成的。

2.4.3.3 苏门答腊古近纪和新近纪的古地理学

随着晚—中白垩世沃伊拉推覆体的就位,整个苏门答腊岛开始暴露到地表接受侵蚀作用。

1. 巴里散山脉的露头

巽他大陆地区的前古近纪的盆地一直延伸到目前的弧前岛屿上(图2-17a)。除了在古近纪和新近

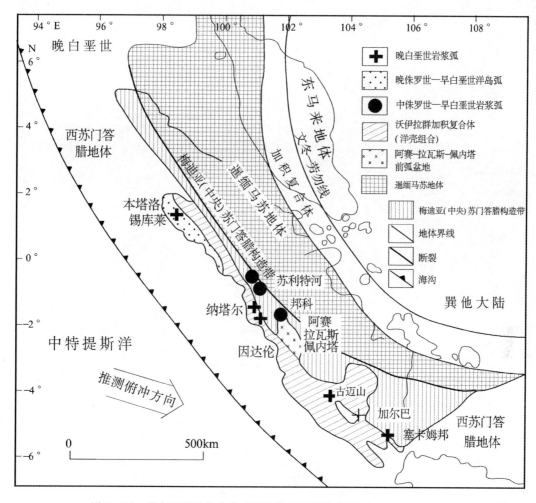

图 2-16　晚白垩世巽他大陆南西边缘的构造演化(Barber,Crow,2003)

纪发生沉积的货币虫灰岩有一个简单的海洋侵蚀之外,基底特别是沃伊拉推覆体的末端在晚白垩世到古近纪暴露在地表接受侵蚀。

在晚始新世和早渐新世,地堑和地垒的一些构造控制了地层的发展。沉积作用发生在孤立的裂谷盆地中,这些裂谷盆地发育在基底之上并且接受当地沉积物的侵蚀。这些裂谷穿过了现今的巴里散山脉地区到达弧前地区。

在地堑和地垒阶段,苏门答腊岛的沉积物主要为短距离的沉积搬运,同时地堑的下沉速度比沉积物的沉积速度要快,导致了厚层的富含有机物的湖泊沉积物的积累,并且沿着湖岸线的沉积物是不成熟的。在苏门答腊裂谷阶段沉积物的局部分布主要反映在局部的地层命名上。

在晚渐新世,区域地质有一个主要的变化。区域的沉积源区以及广泛的沉积区域取代了之前的地堑和地垒景观。除马来半岛东北地区为主要的沉积源区外,巴里散山脉也提供了一个沉积源区(图 2-17b)。

在晚渐新世,巴里散山脉的高度和长度仍然是受限制的。在早—中中新世的海进运动之后,浮现的山峰变得更加受限制。中中新世到上新世从山脉到沉积盆地的汇集,归因于巴里散山脉在海退时期的再浮现和生长,而不是它们最开始的形态。

晚渐新世和早中新世的海进运动(图 2-17b～e)是区域性下降的结果,不仅仅在苏门答腊岛发生,而是贯穿了巽他大陆的大部分区域。在苏门答腊岛,弧前盆地和弧后盆地都下降,因此早期的巴里散山

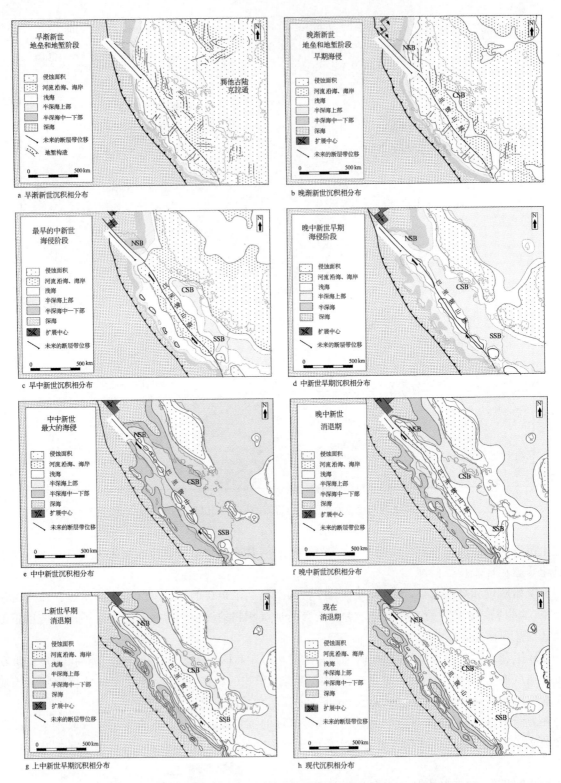

图 2-17 苏门答腊岛古近纪—新近纪古地理图(Barber,Crow,2003)

a~d:弧前盆地和弧后盆地被巴里散山脉隔开,它们的发展是在晚渐新世—早中新世,区域的沉降导致巴里散山脉逐渐下降,弧前盆地和弧后盆地都加深;e~h:海侵作用持续到中中新世,那时巴里散山脉只有少量的山峰在海平面之上,巴里散山脉从中中新世开始抬升接受剥蚀,抬升伴随有海洋的后退和苏门答腊断裂系统的右旋运动,直到苏门答腊岛逐渐呈现它目前的轮廓脉几乎完全淹没在水中。

从中中新世之前开始,巴里散山脉和弧前岛屿的抬升速度比持续的区域性沉降速度要快,这些区域性的沉降导致了沿着包括泰国海湾在内的弧前和弧后盆地的轴线发生进一步的下沉。这些运动与中新世盆地沉积的反转相一致。这些运动也贯穿了更新世,与断层的再活化、盆地沉积物的褶皱和不整合的发育也一致。这些运动可能会使苏门答腊俯冲系统的角度和速率发生变化,导致弧后的伸展或压缩。它们也与中新世地区的苏门答腊断裂系统以及沿着它的张扭和压扭活动相一致(图2-17e~h)。

2. 沿着苏门答腊断裂系统的运动效应

沿着苏门答腊断裂系统的古地理再建运动被考虑在内(图2-17)。这个断裂系统与南部巽他海峡的结构拉开相关,沿着这个海峡发生了大约100km的位移。这个断裂系统与在安达曼海向北的扩散中心也相关,穿过这个安达曼海发生了460km的位移。

3. 苏门答腊岛在古近纪的旋转

围绕苏门答腊岛在古近纪的旋转范围和方向的研究持续存在着争论。苏门答腊岛顺时针的旋转、逆时针的旋转,包括东南亚的剩余部分运动都被设想提出。

2.5 区域地球物理特征

如图2-18所示,苏门答腊岛和周围海域的重力场为最显著的海相重力特征,重力高值南北向或北北东-南南西向分布,与印度洋板块的断裂带和海山链有关,它们控制了苏门答腊海沟外缘宽阔的挠曲高地上各个重力最大值出现的位置。其分别与海沟和弧前盆地有关,深部北西-南东向自由空气重力低值位于海域与苏门答腊岛本土之间,两者被沿着弧前山岭的分布的重力高值分开。海沟存在重力低值,原因在于水柱由于质量亏损而未达到局部均衡平衡,但俯冲板块的补充质量弥补了这种失衡。

东南苏门答腊岛与西北苏门答腊岛之间存在重大的差别。在南部,巴里散山脉与一条狭窄断续且相当弱的布格重力低值(它出现的部位,重力低值的走向与山脉的轴线非常一致)有关;但在北部,凹陷位置更深,在岛的横向上占据了大部分地区。低于-60mgal的重力值与多巴破火山口有关,也与一个更低的凹陷有关,该凹陷位于更北部,并延伸至塔瓦尔湖(Tawar)。

东苏门答腊岛远离巴里散山脉,广袤而多沼泽的平原的重力场受控于许多相互矛盾的因素。最明显的是位于苏门答腊岛东海岸与南苏门答腊盆地东部边缘之间的大致呈南北走向的楠榜构造高点(Pulunggono,Cameron,1984)在地表以下出现。该高点将南苏门答腊岛(陆上)与巽他(海上)盆地分开,致密的基底岩石山脊几乎到达地表,产生了高的重力场。但重力差异的幅度比由沉积厚度造成的差别要小,表明盆地之下存在地壳减薄。

许多向南凸的重力线叠加在南苏门答腊岛和中苏门答腊岛的局部异常上,在巽他大陆架近海地区这种情况甚至更为显著,这里存在多套曲线勾勒出的异常,几乎是以一个环形漩涡环绕整个加里曼丹(婆罗洲)地区。趋向线穿切位于盆地与构造高点(包括楠榜高点)之间的许多晚古近世和新近纪的界线,因此可能是基底本身的性质造成的,而不是基底起伏的影响。伴随婆罗洲的旋转,可能会产生一个应力。

昂比林盆地位于苏门答腊主断裂以东,且紧邻该主断裂,面积约为1500km^2,部分地区始新世到中中新世沉积物的厚度超过3000m。该盆地因产煤炭(而非油气)而具有重大的经济价值,低密度的煤炭在重力场上有明显的反映。盆地所处的位置表明其与苏门答腊断裂具有成因联系,但Howells(1997b)认为该盆地是早期裂谷扭转调整后形成的,而不是简单的走滑拉伸断裂的结果。现在仅有较年轻的辛卡拉湖裂谷被认为是由苏门答腊断裂最近一次的拉伸断裂形成的。沉积物的薄厚与重力值的高低有明显的关系,布格高值界定了将昂比林盆地与辛卡拉湖分隔开的地垒的大致位置。

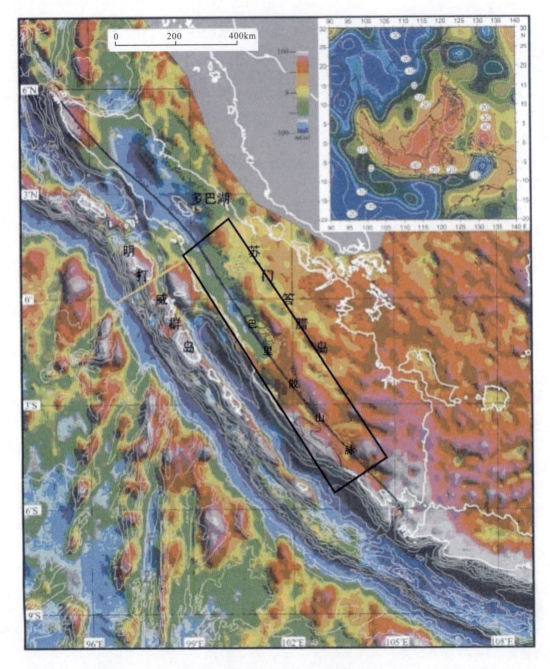

图 2-18 苏门答腊岛及周围海域重力场(印尼地质研究与发展中心,2000)

明古鲁盆地位于苏门答腊断裂以西,海拔相对较低。盆地大部分在海平面以下,该盆地习惯上被认为是形成于扭张机制中的一个拉伸断裂盆地。盆地的一个独特之处是具有非常高的重力场背景值,高背景值导致在重力低值的中心甚至也有非常高的布格重力值(>+40mgal)。盆地在区域地图上全都位于重力高值区,地垒的布格重力值高于+80mgal。高重力场很可能反映明古鲁沉积盆地本身和弧前海相盆地之下的地壳减薄,但高重力值的向海延伸(与海底地形凸起有关)也可能部分是年轻沉积物取代海水及地壳没有发生局部补偿性沉积进入地幔造成的。

与苏门答腊以西海沟有关的深部自由空气重力低值的东北边缘包括弧前山岭的前缘,这部分主要由增生物质组成。弧前山岭的核部以一个显著的不对称隆起为标志,以较陡的坡度向前陆盆地过渡。弧前岛屿布格重力值从西到东大多逐渐减小,反映在逐渐增厚的地壳。

2.6 区域地球化学特征

2.6.1 以往地球化学工作及本次地球化学调查研究情况

1975年，英国地质调查局和印度尼西亚地质局在北苏门答腊岛（赤道以北）合作开展了5年的地球化学调查。印度尼西亚地调局出版了区域地球化学测量水系沉积物调查图集。随后，印度尼西亚矿产资源理事会（DMR）出版了一套赤道北的多幅1:25万单元素分布图。

1994年，印度尼西亚矿产资源理事会完成了苏门答腊岛的地球化学调查，出版了1:25万单元素地球化学图（15种元素）及相应的地球化学、地质和资源潜力报告。随后，苏门答腊岛地球化学数据被制作成光盘发布（1999年第二版）。

苏门答腊岛以往地球化学调查工作存在的主要问题：采样密度为每$10km^2$一个点，密度偏低；分析元素Cu、Pb、Zn、Ag、Ni、Co、Cr、W、Mo、Sn、Fe、Mn、K、Li等15种元素，分析元素较少，不利于区域地球化学规律的总结；元素检出限高，分析方法为光谱半定量，除Cu、Pb、Zn、Ni、Fe、Mn等少数几个元素报出率较高外，其他元素报出率较低。

本次地球化学调查在苏门答腊岛中部巴东—明古鲁地区选取区域进行研究，完成水系沉积物测量工作面积$18\,374km^2$，采集水系沉积物样品5145件，采样密度达到每$4km^2$区域中1.28点，其中重点调查区采样面积为$3332km^2$，采样密度达到每$4km^2$区域中2.06点；对沉积物中的Au、Ag、As、B、Ba、Be、Bi、Cd、Co、Cr、Cu、F、Hg、La、Li、Mn、Mo、Nb、Ni、P、Pb、Rb、Sb、Sn、Sr、Th、Ti、U、V、W、Y、Zn、Zr、SiO_2、Al_2O_3、Fe_2O_3、CaO、K_2O、MgO、Na_2O共40种元素（氧化物）分析测试，选择分析方法配套基本方案以X射线荧光光谱法、全谱直读光谱法和等离子体质谱法为主体，辅以其他分析方法。

本次调查研究取得的主要成果为：

(1) 获得了调查区水系沉积物中40种元素（氧化物）的高精度分析数据，并对区内元素（氧化物）的分布、分配及富集特征进行了系统研究，编制了单元素地球化学图。统计结果显示与地壳丰度值相比，水系沉积物中低温热液型元素及与基性—超基性岩有关的元素较为富集。主要找矿元素Au、Cu、Sb、Ni、Cr与基性岩有关元素表现为分异—强分异特征，在区内分布极不均匀，具较好的找矿前景。通过元素的分布特征判断，Au、Ag、Cu等成矿物质在断裂带内较为富集。

(2) 建立了调查区的区域地球化学格架。根据元素的区域分布规律、共生组合及地质背景特征，将调查区划分为3个地球化学分区，并根据元素的分布特征进一步划分为9个地球化学子区，建立了该区的基本地球化学格架。

(3) 根据R型聚类分析结果及元素的组合特征编制了4张组合异常图，圈出了36处组合异常，其中甲类异常6处，乙类异常14处。

(4) 对调查区找矿前景进行了预测，初步划分了8处找矿远景预测区，其中一级找矿远景预测区3处，二级预测区2处，三级预测区3处；认为主要目标找矿元素是Au、Ag、Cu、Fe、Ni，一级找矿远景预测区是金铜铁多金属找矿潜力最好的地区。

与英国地质调查局所做的工作对比，本次工作采样密度较高，增加了分析项目。通过降低元素的检出限，各元素的报出率基本上达到了100%，使元素的区域分布规律和特征更加清晰；Cu、Pb、Zn、As、W、Ni等元素的异常重现性较好，在英国地调局工作所圈出的北部异常带和中部异常带中，本次工作根据元素组合进一步划分出11处组合异常，在巴图桑卡（Batusangkar）东北部新发现了Cu、Pb、Zn、Ag、Hg、Fe、Co、Ni多元素组合异常（HS3）。

2.6.2 元素区域分布规律

根据英国地质调查局和印度尼西亚地调局合作在北苏门答腊岛开展地球化学调查结果,经统计苏门答腊岛全岛在 20 世纪 80 到 90 年代的采样分析数据,经剔除特高值后(X+4S 一次性剔除),背景结果见表 2-6。

表 2-6 苏门答腊岛元素背景值表

元素	Cu	Pb	Zn	Co	Ni	Mn	Cr	As	W	Sn	Mo
平均值(10^{-6})	14.64	20.86	60.57	13.58	17.00	473.37	55.17	3.18	2.19	9.41	0.76
标准离差	15.86	15.12	37.17	9.85	29.57	382.81	86.86	4.09	4.21	13.80	1.35

区域上沿巴里散山脉的岛弧带,Cu、Pb、Zn、Ni 等元素呈强异常、高背景分布,主要强异常分布于该带的北端及巴东—明古鲁地区,该区大量发育酸性—中酸性岩浆岩、新生代火山岩,并分布有碳酸盐类岩石,是斑岩型、矽卡岩型矿床的成矿有利地段。Cu、Pb、Zn 等元素的高背景分布由岩浆岩体和构造、岩浆热液活动富集引起。在该带的东南部,即弧后盆地区,各元素含量强度明显减弱,呈低背景分布。

W、Sn、Mo 由于分析精度较低,其区域分布特征不太明显,但从其高值区分布来看,Mo 总体上与 Cu 的分布基本一致,而 W、Sn 除在弧间盆地呈高背景、高含量分布外,在弧后盆地局部地区分布有大片强高值异常区,特别是在麻拉布狗北部—库打尼昂(Kotapinang)一带分布有 3 处较大范围的 W、Sn 异常,这与划分的中苏门答腊构造带相符合。

研究区位于中南部,绝大部分为弧间盆地地带,其元素分布规律与区域分布基本一致,除 W、Sn 外,总体上沿苏门答腊断裂两侧的元素为高背景-高含量分布,在弧后盆地元素呈低背景分布(图 2-19~图 2-21)。

2.6.3 元素异常区域分带特征

从各元素异常的区域分布规律可以看出,圈出的 10 种元素异常在区域上表现出一定的分带性(图 2-22)。总体上从西向东元素异常的分带表现为:Cu、Ni、Co、Mn、Zn、Mo→Pb、Mo→Sn、W。在中苏门答腊构造带以东,东苏门答腊地体区,出露二叠纪、三叠纪地层,及上新世火山岩、凝灰岩,主要分布 W、Sn 元素异常,Cu、Ni 等元素含量极低,未见异常反映;在中苏门答腊构造带以西、西苏门答腊地体区,弧间盆地的东缘,Pb、Mo 元素异常规模大,强度高,Cu、Ni 元素异常不发育;而沿苏门答腊断裂带两侧、弧间盆地的西缘-弧前盆地,岩浆侵入活动强烈,形成了 Cu、Ni、Mn 等元素的强异常带,是研究区亲铜元素、亲铁元素成矿最为有利的地区。

2.6.4 地球化学异常特征

根据元素异常的空间叠合情况,结合地质背景,以 Cu、Ni 等主要成矿元素为主,在研究区及其外围共划分出 20 处组合异常。沿苏门答腊断裂带分布的组合异常共有 11 处,该带异常多呈北西向带状展布,异常元素组合较多,叠合好,异常分带明显,强度高,一般以 Cu、Ni 元素异常为浓集中心;在其东部,弧间盆地东缘分布的组合异常共有 7 处异常,异常元素组合为 Cu、Pb、Mo、Ni 等;在研究区东北部、弧后盆地区的中苏门答腊构造带,主要为 Sn、W 组合异常(图 2-23)。

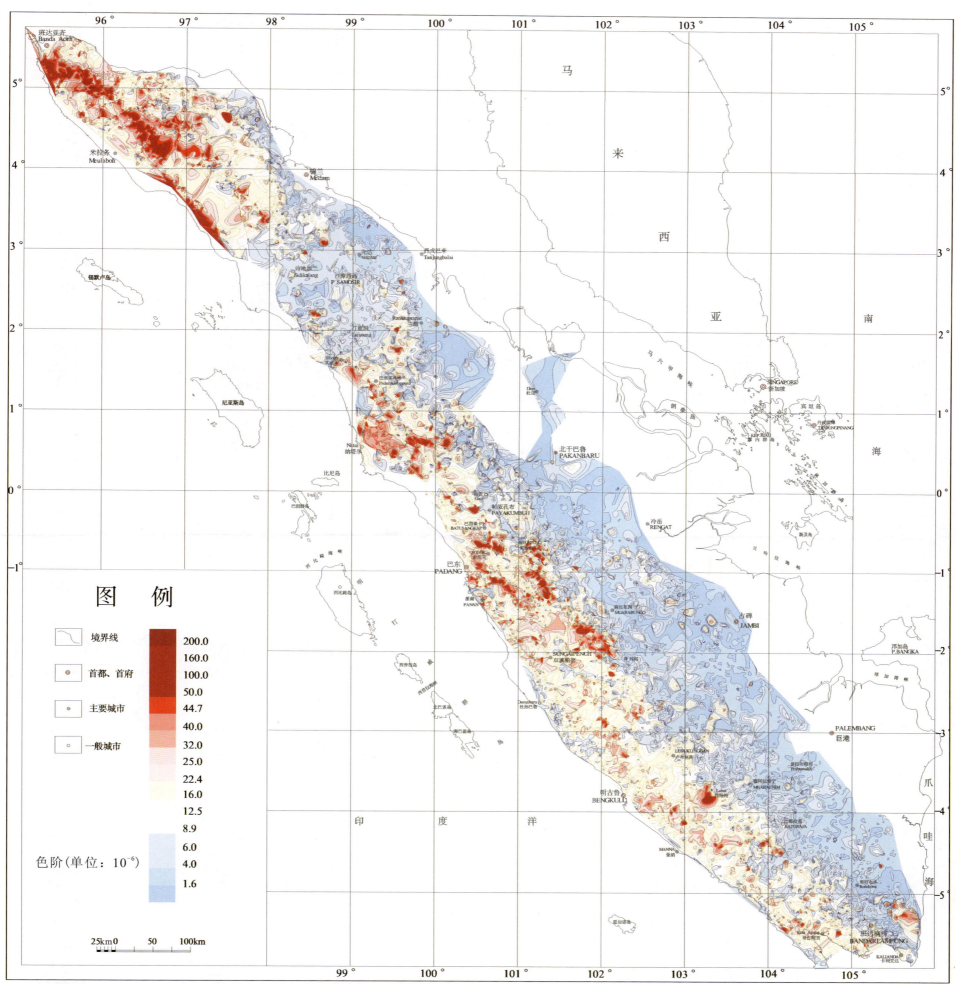

图2-19 印度尼西亚苏门答腊岛铜地球化学图

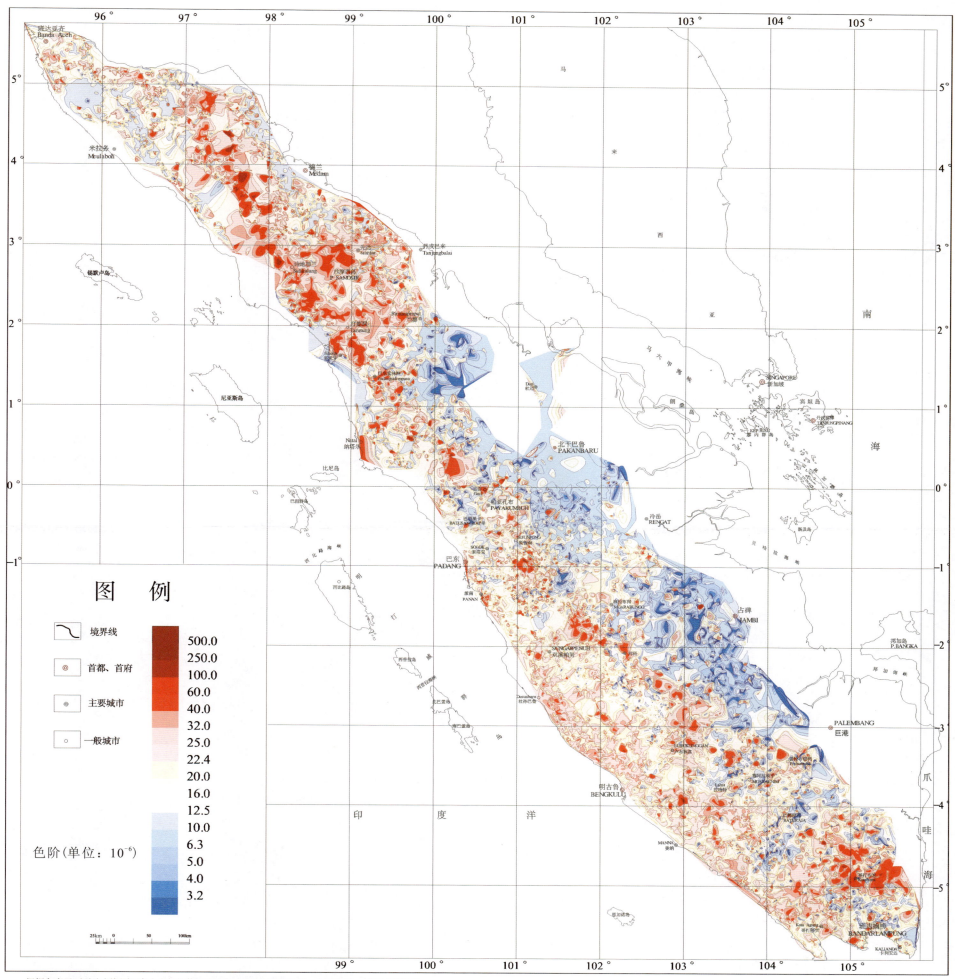

图2-20 印度尼西亚苏门答腊岛铅地球化学图

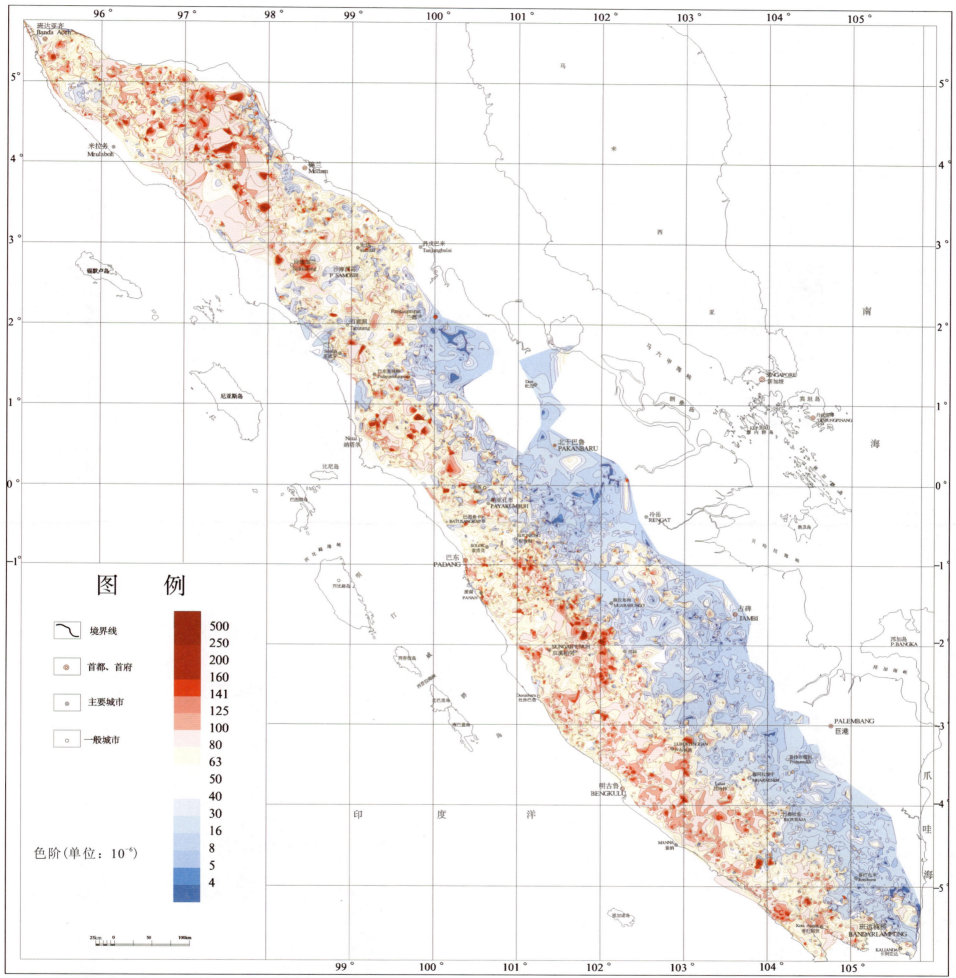

图2-21 印度尼西亚苏门答腊岛锌地球化学图

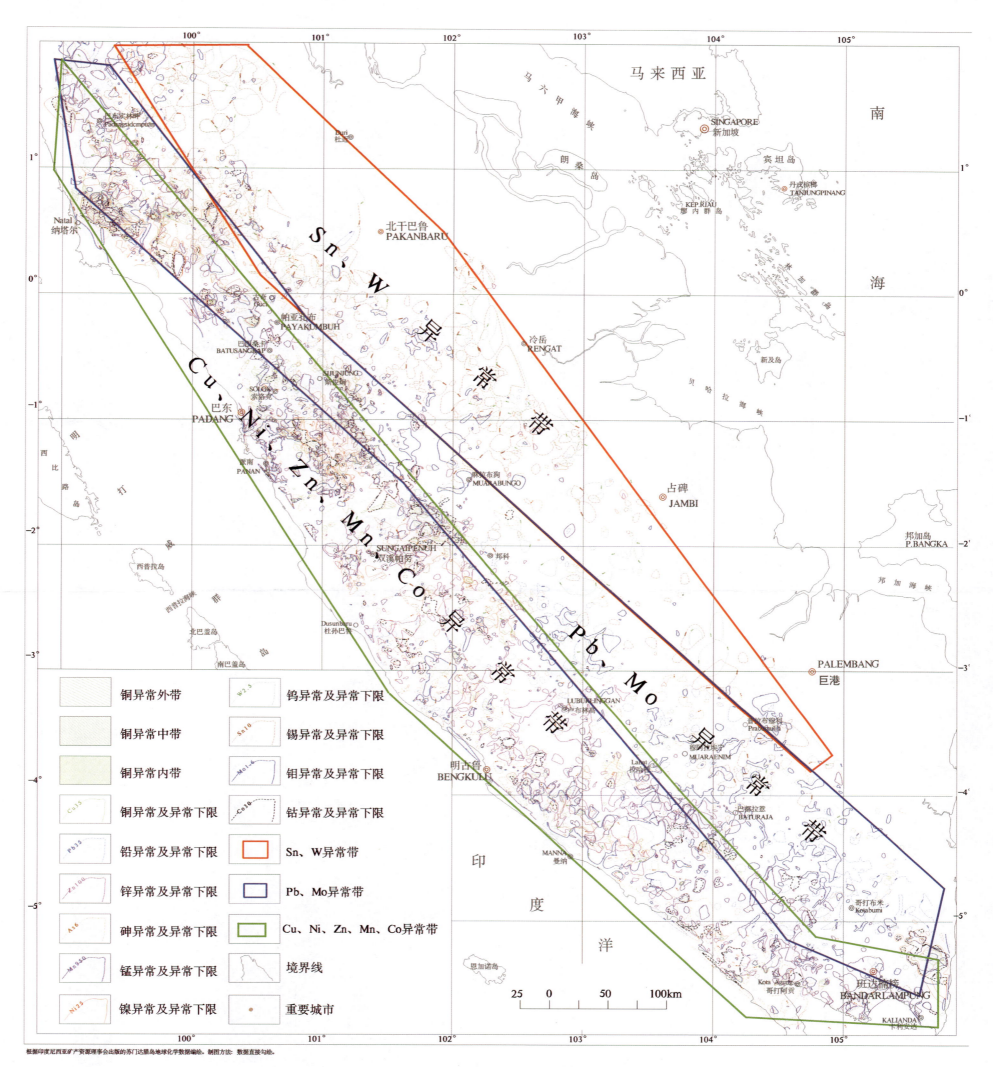

图2-22 印度尼西亚苏门答腊岛多种元素异常分带示意图

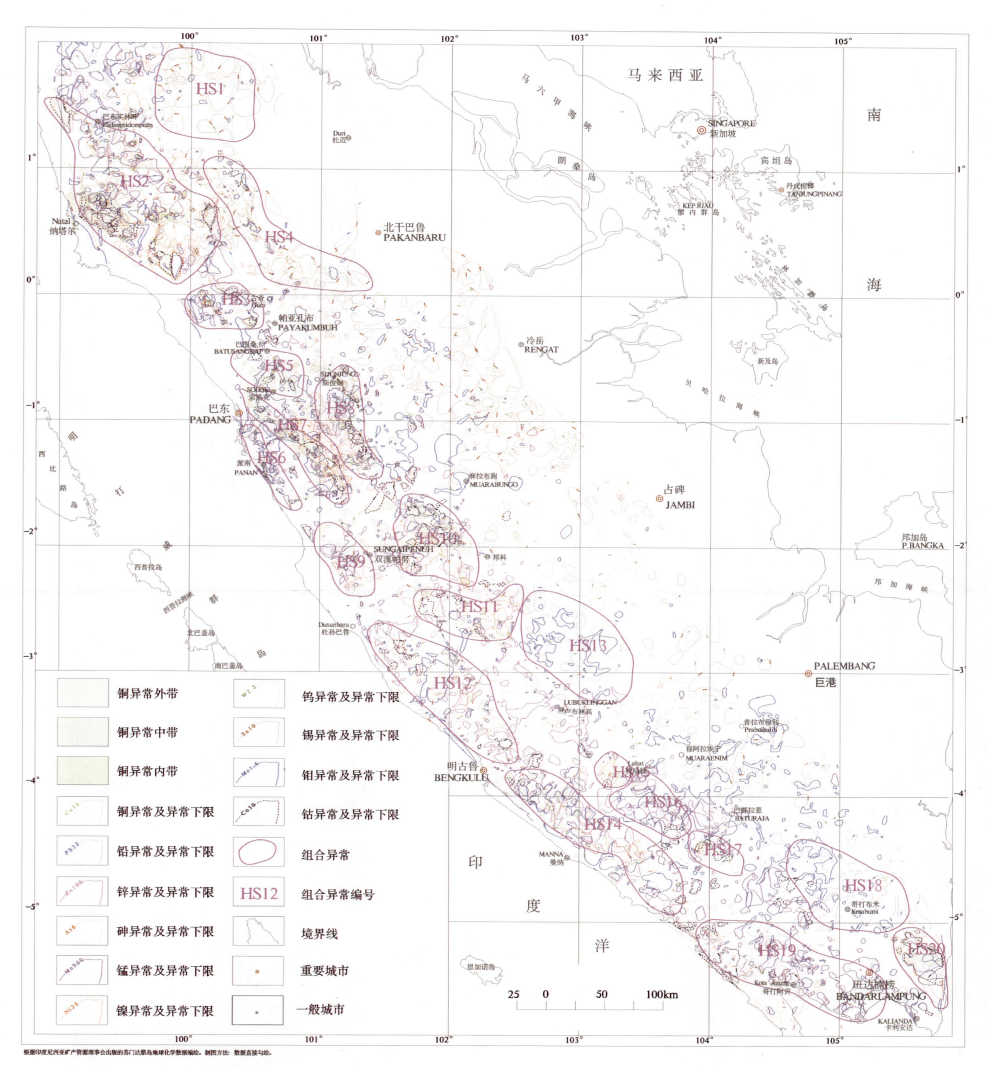

图2-23 印度尼西亚苏门答腊岛研究区元素综合异常图

3 典型矿床地质特征

3.1 矿产资源概况

苏门答腊岛及其邻近岛屿蕴藏煤、锡、铅锌、黄金、银、铜、铁等矿产,亦有一定储量的石油、天然气。

金矿作为本地区的优势矿产,主要分布在巴里散山脉岛弧带。据统计,苏门答腊已知的原生金矿点多达43个,河流及其河谷阶地的砂金矿点就更多。矿床类型为热液型金矿,典型矿床有马塔比金矿、勒邦多洛克金矿、勒邦丹代金矿、米瓦金矿等原生金矿以及米拉务砂金矿、麻拉西邦基砂金矿、纳塔尔砂金矿等砂金矿点(图3-1)。

锡矿是苏门答腊岛的另一个重要优势矿产资源,主要分布在邦加-勿里洞省、井里汶岛以及苏门答腊岛的东海岸地区,资源储量 146×10^4 t。邦加-勿里洞省为印尼最大的锡生产区,年产约 9×10^4 t,占印尼锡产量和出口量约90%。锡矿来源于S型花岗岩,与含锡花岗岩岩体的分布相关。锡矿类型主要为砂锡矿,在苏门答腊本岛砂锡矿有实武牙砂锡矿、罗干砂锡矿、地尕布鲁山砂锡矿、哈塔邦砂锡矿等。

铅锌矿主要分布在古生代沉积盆地,在巴里散山脉岛弧带也有分布;矿床主要类型为:喷流沉积型矿床(SEDEX型)和密西西比河谷型矿床(MVT型)以及部分次生矿化类型(Middleton,2003)。戴里(Dairi)铅锌矿为该区典型的铅锌矿床,该矿集区目前在全球待开发的300个铅锌项目中资源量排名第13位,具有较好的潜力。小规模的铅锌矿有苏里安铅锌矿、洛洛铅锌矿等矿床,矿床类型为矽卡岩型铅锌矿。

铜矿资源也具有一定潜力,分布在岛弧带,矿床类型有斑岩型、矽卡岩型铜矿,如辛卡拉湖矿集区的铜金矿、邦科矿集区铜矿等,典型的有唐塞斑岩型铜矿、西苏门答腊省的苏利特河矽卡岩型铜矿。

苏门答腊岛铁矿石类型有原生铁矿(磁铁矿、赤铁矿)和铁砂矿。原生铁矿分布在亚齐特区、西苏门答腊岛、南苏门答腊岛、邦加-勿里洞;铁矿砂分布在亚齐特区、明古鲁海岸,原生铁矿大部分规模较小,多为小矿点;其成因类型为矽卡岩型铁矿床和火山岩型铁矿床;矿石为磁铁矿,一般品位较高。铁砂矿可分为:坡积铁砂矿和海滨铁砂矿。明古鲁北部的穆廓-穆廓地区铁砂矿床,为坡积铁砂矿,铁品位为35.00%。明古鲁南部的曼那铁矿为海砂型,铁矿砂含铁30%~50%不等。矿体沿海岸线延伸达数十千米,矿层厚度变化较大。

煤储量约为 524×10^8 t,约占印尼总储量的一半,主要分布在巴里散山脉的山间盆地,以奥比林盆地煤田为代表,石油天然气资源广泛地分布于弧后盆地沉积区。

苏门答腊岛富含油气资源,其中,廖内省的杜迈(Dumai)地区有若干印尼境内较高产的油井;亚齐特区、巨港和庞卡南-布郎丹(Pangkalan Brandan)亦有油气田开发。

根据印度尼西亚地质局编制的苏门答腊岛矿点数据,对相关数据进行了综合,对相同地点不同矿种进行了合并,补充了从未列出而文献资料中有的矿点,苏门答腊岛部分金属矿床一览表见表3-1,分布见附图。

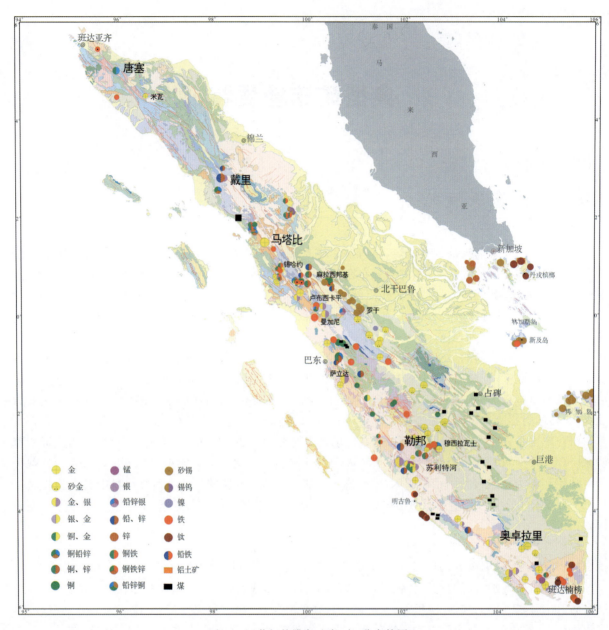

图 3-1 苏门答腊岛矿床(点)分布简图

3.2 矿床类型划分

  研究区矿种及成矿类型较多,对重要矿种进行矿床类型划分将有助于明晰区内成矿特点,以更深入地进行区域成矿特征、成矿规律及远景资源潜力的预测研究。本节根据《矿床学教程》(姚凤良等,2006)矿床成因分类原则,参考《重要矿产和区域成矿规律研究技术要求》(陈毓川等,2010),从成矿物质来源、成矿作用和成矿环境等几个方面,对研究区重要的矿种金、铜、锡、钨、铅、锌、铁进行矿床类型划分,矿床类型划分简表如表 3-2 所示。

表 3-1 苏门答腊岛金属矿床（部分）概况

集群名称	岩石学背景	相关侵入体	矿床类型	矿体形态	矿体蚀变	矿体元素
戴里	Kluet 组碳质页岩、钙质粉砂岩		喷流沉积型和密西西比河谷型矿床（MVT）	脉体矿化；块状硫化物的 SEDEX 型和有平行剪切带的碳质页岩中的脉状硫化物；MVT 型、表生矿床		Pb-Zn、Ag
开斯	冲积钙质硅结岩	Kais 复合与较老的花岗岩、微晶闪长岩，及较年轻的花岗岩	冲积型砂锡矿	锡石在冲积矿中，来源不确定，但可能是来自 Kais 杂岩	Kais 复杂岩体局部青磐岩化	Sn
实武牙	变质沉积、变质火山岩	实武牙杂岩多相岩基、闪长岩和斑岩型花岗岩	砂矿	浸染的硫化物冲积型钨锡矿	闪长岩蚀变，花岗岩呈网状脉、花岗岩亚氯酸化、硅化	Sn-W
罗干	达班努里群变质沉积	Rokan 花岗闪长岩，Giti 花岗岩，Ulak 花岗岩	砂矿	云英岩、伟晶岩、冲积层、冲积矿在 Siabu 厚达 4m		Sn、Au、钻石
地茶布鲁山	变质沉积	花岗岩侵入体	砂矿	石英脉、伟晶岩、花岗岩顶板、冲积层	云英岩	Sn、Au
邦科城	变质沉积变质火山岩	Tantan 花岗岩	砂矿	冲积型锡矿		Sn
巨港		巨港岩基，Bukit Batu 正长岩（170±35Ma）	砂矿	石英-锡石脉		Sn
麻拉西邦基	二叠纪变质沉积、变质火山岩、灰岩、玄武岩	Muara-Slpongi 岩基，含石英闪长岩和花岗闪长岩	矽卡岩型 Cu-Pb-Zn 矿、矽卡岩型金矿、砂矿型	灰岩矽卡岩热液矿脉呈浸染状，发育铁帽，为冲积型金矿	斑岩型安山岩退变质为矽卡岩的绿泥石-方解石	Au-Ag-Pt、As、Cu-Pb-Zn
辛卡拉	变质沉积物	母岩花岗岩类	矽卡岩型	浸染状矿脉、发育节理	石英-长石-绿帘石	Cu、Au-Ag
巴巴霍特	Tapaktuan 火山岩组安山岩、玄武岩、角砾岩和凝灰岩；冲积型金矿	透辉石闪长岩，透辉石花岗岩	砂金矿	为磁铁矿石，呈网状脉，产在石英细脉中	黄铁矿化热液蚀变	Cu-Pb、Zn、Au-Ag
塔帕土安	Tapaktuan 火山岩组安山岩、玄武岩、角砾岩和凝灰岩；冲积型金矿	Samadua 花岗岩斑岩、绿泥岩、黑云母花岗岩含大量浸染状硫化物		浸染状硫化物和碳酸盐；磁铁矿和赤铁矿石	硅化，以及破碎火山岩 Koto 闪长岩较轻微泥化	Cu-Fe-Pb

续表 3-1

集群名称	岩石学背景	相关侵入体	矿床类型	矿体形态	矿体蚀变	矿体元素
帕萨曼	Woyla 群变质沉积物	超镁铁质杂岩,方辉橄榄岩,纯橄榄岩,辉石岩	砂矿	浸染状铬矿化,冲积金矿		Cr、Au
纳塔尔	Woyla 群变质沉积物,变质火山岩,蛇纹岩	Manunggal 岩基花岗岩,花岗闪长岩,正长岩,二长岩,富闪深成岩,辉石岩,煌斑岩	砂矿	Au 和硫化物分布在磁铁矿矿体及岩基和硅化的变质火山岩接触带中;冲积型金矿;蛇纹岩中少量浸染状铬矿化	硅化	Au-Ag、Cu-Zn、Cr-Mn
加巴山	变质沉积物,变质火山岩	Garba 岩基	砂矿	砂矿,来自云英岩和伟晶岩在 Garba 岩基的岩钟		Sn-Ce
哈塔邦	Tapanuli 群变质沉积物	Hatapang 花岗岩,二云母花岗岩含云英岩和伟晶岩	砂矿	在 Tapanuli 和 Marginal 花岗岩群接触面		Sn-Ce
拉瓦土	Woyla 群变质沉积物		砂矿	石英脉;河流阶地冲积物		Au-Ag
唐塞	Gle Seukeun 火成杂岩,侵位于 50~48Ma	多相岩株,及煌斑岩,闪长岩和英安岩斑岩岩墙	斑岩型	呈浸染状在蚀变集合体中	单斜辉石-黑云母,重晶石-绿石-绿帘石,绢云母	Cu-Mo
洛洛	Painan 组流纹岩变质沉积物	Lolo 花岗岩	砂卡岩型	铁砂卡岩,呈铁帽和蜂窝状,在流纹岩中呈浸染状		Cu-Pb-Zn、Fe
米瓦	上新世安山岩及英安岩火山中心	流纹英安岩	热液型	角砾岩	高硫化核心和弱泥化	Au
阿邦	Bampo 组泥岩,页岩,安山岩		沉积型金矿	不规则含金碧玉,硅化页岩,含角砾岩	硅化	Au
梅卢阿克	第三纪-近代火山岩,火山灰		热液型	石英脉和角砾岩	泥质,绢云母含块状硅化	Au-Ag
马塔比	第三纪火山岩,沉积岩(20~18Ma)	Purnama 矿床为火山通道侵入周围岩层	热液型	块状淋滤黏土和角砾状硅质体,并被包围在较大范围的黏土化安山岩中	硅化和未指明的黏土蚀变	Au-Ag

续表 3-1

集群名称	岩石学背景	相关侵入体	矿床类型	矿体形态	矿体蚀变	矿体元素
锡哈哈约	风化层,岩溶作用,溶解角砾岩上面的二叠纪灰岩		沉积型金矿	金矿化被含硅化角砾岩的表土层包围,形成岩溶洼和崩塌	暗色碧玉替换角砾岩基质	Au
卢布西卡平	第三纪火山岩	第四纪Sarik中心斑岩型安山岩,玄武岩	斑岩型	浸染状		Ag-Au, Cu-Pb-Zn
曼加尼	中新世火山岩,渐新世—上新世沉积岩	小型第四纪流纹岩,微粒闪长岩岩墙,安山岩岩墙,Mangani角砾岩		石英-蔷薇辉石-菱锰矿-金银脉呈南北向	石英-绿帘石-磁铁黄铁矿脉与安山岩岩墙共生;围岩蚀变:硫酸盐化0~200m,青磐岩化200~450m,冰长石化500~600m	0~200m为石英-黄铁矿,网状脉;200~400m为Mn和Au-Ag矿化
萨立达	渐新世—中新世火山岩和沉积物	石英斑岩	热液型	含矿石英脉		Au-Ag
武吉藤邦	粗安岩熔岩流	2km半径区域的热液蚀变,安山岩岩株	热液型	石英脉,网脉	冰长石,青磐岩,伊利石-绢云母,高岭石	Au-Ag
勒邦丹代	中新世沉积岩,安山岩,火山岩,火山成角屑岩		热液型	角砾岩平均厚1.5m	硅化和绢云母化叠加在青磐岩化上	Au-Ag
勒邦多洛克	Hulusimpang组(渐新世—早中新世)	矿区有英安岩及南北向安山岩岩墙和岩席	热液型	石英脉在Lebong断层矿体长200m,垂向上延伸500m	硅化,青磐岩化	Au-Ag
勒邦辛旁	安山岩,玄武岩熔岩,凝灰岩,凝灰角砾岩	英安岩-安山岩角砾岩,花岗岩巨砾	热液型	石英脉和网脉,东部脉厚度小于3m,长1.5km,走向10°~30°		Au-Ag
哥打阿贡	渐新世—中新世安山岩,英安岩		砂矿	石英脉砂矿		Au-Ag
瓦伊林科	第三纪安山岩,英安岩,火山成碎屑岩	安山岩岩墙	热液型	石英脉硅质泉华	低温酸性黏土围岩蚀变	Au-Ag 硫化物
斑达楠榜	渐新世—中新世安山岩,流纹岩,凝灰岩		热液型	石英脉网状脉,冲积		Au-Ag 硫化物

表 3-2 苏门答腊岛重要矿种矿床类型划分简表

矿种	矿床类型		代表性矿床	主要分布地区
金(银)矿	高硫型浅成低温热液金矿床		马塔比金矿、米瓦金矿	北苏门答腊地区
	低硫型浅成低温热液金矿床		勒邦丹代、勒邦多洛克	南苏门答腊地区
	矽卡岩型金矿床		麻拉西邦基金矿	
	沉积型金矿床		阿邦金矿床、锡哈约金矿	北苏门答腊地区
	砂金矿床		帕萨曼砂金矿、纳塔尔河砂金矿、哥打阿贡砂金矿、米拉务砂金矿区	几乎所有比较大的河流及其支流均有砂金产出
铜矿	斑岩型铜矿		唐塞铜(钼)矿、阿拉斯湖铜矿点	巴里散山脉北部
	矽卡岩型铜矿		辛卡拉湖的苏利特河铜矿、廷布兰铜矿、麻拉西邦基矿集区的矽卡岩铜矿、邦科集区的达努拉努克拉岩铜钼矿点	巴里散山脉中部地区
锡(钨)矿	与S型花岗岩有关的锡矿床		邦加岛锡矿、勿里洞锡矿、开斯(Kais)、实武牙、罗干、地尕布鲁山、邦科城、哈塔邦加巴山	廖内群岛、邦加岛、勿里洞岛及苏门答腊岛的MSTZ成矿带
	砂锡矿		邦加岛锡矿、勿里洞锡矿、开斯(Kais)、实武牙、罗干、地尕布鲁山、邦科城、哈塔邦加巴山	原生锡矿附近
铅锌矿	MVT型铅锌矿床		戴里铅锌矿	东苏门答腊地体的晚古生代沉积盆地
	矽卡岩型铅锌矿床		麻拉西邦基矿集区铅锌矿点、西苏门答腊省的苏里安铅锌矿、杜孙矿集区的铅锌矿和洛洛铅锌矿	西苏门答腊地体
铁矿	矽卡岩型铁矿床		洛洛铁(多金属)矿	亚齐特区、西苏门答腊岛、南苏门答腊岛、邦加-勿里洞
	火山岩型铁矿床		曼加尼铁矿	
	铁砂矿床	坡积铁砂矿	穆廊-穆廊地区铁砂矿床	亚齐特区、明古鲁海岸
		海滨铁砂矿	曼那铁矿	

3.2.1 金矿

金矿是苏门答腊岛最重要的矿种之一,也是本地区主要的矿业投资目标。当地具有悠久的民采史,在许多河流沿岸也可见众多淘砂金点。随着地质勘查工作的发展,近年来,也有许多矿业公司在苏门答腊岛进行商业开发,包括马塔比、米瓦、勒邦等,都属于经济价值极为可观的原生金矿。

研究表明,苏门答腊岛金矿分布在苏门答腊岛弧带,从印支期到喜马拉雅期均有金矿化作用发生,大部分金矿主要为新近纪金矿化形成。金矿床类型以浅成低温热液型金矿为主,矽卡岩型金矿相对少见,砂金矿较为常见。

1. 浅成热液金矿床

苏门答腊岛上新近纪浅成热液贵金属矿床进行了分类,用岩脉、蚀变矿物和矿体形态推断控制矿床形成的流体化学特征。高硫化作用类型反映了偏氧化的成矿流体，而低硫化作用类型反映了偏还原的成矿流体。

1）高硫型热液金矿

浅成低温热液型金矿是当前金矿床地质研究的热点，也是目前世界上最为重要的金矿床类型之一。而其中的高硫型矿床的特征是高硫相矿物的出现（如硫砷铜矿和锑硫砷铜矿）和酸性硫酸盐蚀变组合（石英、明矾石、高岭石、叶蜡石）。至今仅发现的3个高硫化物类型矿床，都位于北苏门答腊岛，代表了岩浆挥发分中丰富的化石地热系统。

高硫型以北苏门答腊岛的马塔比和米瓦金矿为代表，主要受角砾岩型构造控制。

马塔比金矿和米瓦金矿都位于该岛北部，且它们的资源量相比岛南部的低硫化型明显更高。在世界范围内，高硫化作用类型反映了偏氧化的成矿流体，高硫型热液金矿往往与深部的斑岩型矿床相关。

2）低硫化型热液金矿

低硫化作用类型一般被发现在苏门答腊岛的南部，低硫型以南苏门答腊岛新近纪勒邦矿集区为代表。其主要为石英脉型，为高品位的金矿，在勒邦多诺克和萨立达。该类型都产于沉积岩和火山岩的交界接触面上，其矿体都产于含有低温钙沸石的石英脉中。

低硫型热液矿床的特征主要是以冰长石-绢云母的蚀变矿物组合为特征，反映了偏还原的成矿流体。苏门答腊岛的低硫型热液金矿沿火山弧和苏门答腊断裂带的北西向轴迹分布。苏门答腊岛西部，沿巴里散山脉分布着一系列低温热液型金矿，从北向南依次为曼加尼、萨立达、阿瓦斯、勒邦，它们组成了一条所谓的"黄金轴线"，这种线状分布的矿床也预示了苏门答腊岛具有丰富的低硫型热液金矿床勘查开发潜力。

低硫型热液金矿主要与火山活动中心和遍布火山弧地区的断裂构造相关。因此，在苏门答腊岛可以识别出以萨立达-哥打阿贡为代表的西海岸金成矿带和以曼加尼-丹绒加兰为代表的弧后金成矿带。

低硫型热液金矿多为经典的石英脉载金矿床，围岩主要为安山岩、粗安岩、砂页岩。与高硫型热液金矿相比，低硫型单个矿床的资源量虽然更低，但是品位普遍高于高硫型矿床。这可能与金的赋存状态相关。

2. 矽卡岩型金矿

尽管和上述两种低温热液型金矿同属热液型矿床，但矽卡岩型金矿的最大不同在于，与其成矿相关的岩浆岩为中酸性侵入体，且围岩为碳酸盐岩。

苏门答腊岛已知的最大的矽卡岩型金矿为麻拉西邦基金矿，矿床位于晚侏罗世麻拉西邦基花岗岩类侵入到珀三甘群（Peusangan）司龙康组灰岩形成的矽卡岩带中，同时受苏门答腊断裂带控制。

3. 沉积型金矿

沉积型金矿赋存在北苏门答腊岛的沉积岩中，如阿邦金矿床和锡哈约金矿。

阿邦金矿床由泥岩、黑色页岩组成，属于 Bampo 建造（上渐新统—中中新统），下伏有灰岩，层间夹有安山质火山岩。含金层状碧玉石、硅化页岩、粉砂岩平面呈不规则带状，平均厚度约为9m，位于灰岩上盘或靠近上盘分布。流体角砾岩表现出从破裂角砾岩到假角砾状角砾岩的逐渐变化。基质充填物包括块状结晶质石英、胶粒结构石英、冠状石英和伊利石。金矿化伴有 As、Ag、Sb 和 Hg 异常。

锡哈约金矿的金矿化分布于风化层和一系列二叠纪灰岩顶部，或靠近顶部的硅化角砾岩、灰岩、凝灰质粉砂岩中。各处凝灰质沉积岩的组成有所不同，从层理分明、富含火山灰的粉砂岩到结构杂乱、垮塌成因、以碎屑为主的粗砂岩都有分布。角砾岩是在潜水条件及后来的垮塌作用下由岩溶溶解作用形成的。典型的角砾岩碎屑主要由灰岩、暗色粉砂岩、安山质火山岩（来自于灰岩中的夹层）以及粗粒方解石碎晶组成。暗色石英蚀变（似碧玉岩）取代了角砾岩基质物质（细粒潜水沉积岩和凝灰质沉积岩）。黄铁矿是主要的硫化物，且总是伴生毒砂和辉锑矿。

4. 砂金矿

苏门答腊岛开采砂金的历史悠久,砂金是岛内分布最为广泛的金矿,几乎所有比较大的河流及其支流均有砂金产出。砂金矿分布的主要河流包括穆西河、巴当哈里河、因德拉吉里河、塔比尔(Tabir)河、纳塔尔河等。据不完全统计,区内砂金点多达百余个,如帕萨曼砂金矿、纳塔尔河砂金矿、哥打阿贡砂金矿、米拉务砂金矿区和 Singingi 冲积砂金矿区等。

北苏门答腊岛第四纪砂金矿区的来源为白垩纪中期沃伊拉组断裂时期形成的石英脉和浸染状硫化物。米拉务砂金矿区的物源很可能是沃伊拉组的矽卡岩。而南苏门答腊岛的 Singingi 冲积金矿区的来源可能是受风化的浅成低温热液矿床。纳塔尔河的砂金来源于晚白垩世侵入体与沃伊拉变沉积岩接触带上的矽卡岩矿体,帕萨曼砂金矿来源于帕萨曼蛇绿岩体。

3.2.2 铜矿

苏门答腊岛现阶段发现的铜矿数量与其他矿种对比而言相对较少。铜矿床类型可分为两种,以最北部亚齐的唐塞斑岩型铜钼矿为代表。该矿床产于新近纪,英安斑岩、闪长斑岩、石英闪长斑岩岩株侵入到古近纪更大的花岗质—闪长质复合岩体中。另一种为西苏门答腊省辛卡拉湖一带苏利特河矽卡岩型铜矿,其产于侏罗纪的苏利特河岩体与中晚三叠世灰岩的接触带上。

1. 斑岩型铜矿

苏门答腊岛的众多斑岩型矿床,如唐塞(Tangse)铜钼矿床、Diatas 湖铜矿点、Siuluk Deras 铜矿点、Dipatiampat 湖铜矿点、杜孙铜矿、辛卡拉湖附近的斑岩型铜金矿点等。它们广泛分布于西苏门答腊岛的巴里散山,主要为中新世一套发育铜钼矿化的等粒斑状闪长花岗岩侵入体,但矿化级别通常很低。大部分斑岩型矿化通常与平行于岛弧分布的断裂带有关,唐塞铜钼矿为规模较大的典型矿床。

苏门答腊岛发现的斑岩型铜矿点普遍显示低品位,是新近纪俯冲到该岛下面的地壳铜含量较低造成的(Katili,1947b),也可能是因为俯冲过程时间太短而尚未产生合适的熔体(Hutchison,Taylor,1978)。另一个可能的解释是新近纪俯冲作用(大部分时间)匀速进行,不利于产生规模大、品位高的矿床(Sillitoe,1997)。

2. 矽卡岩型铜矿

矿床有辛卡拉湖的苏利特河铜矿、廷布兰铜矿、麻拉西邦基矿集区的矽卡岩铜矿、邦科矿集区的达努拉努克拉岩铜钼矿点等。

典型矿床为苏利特河矽卡岩型铜矿,其矿化时代为侏罗纪—早白垩世,与麻拉西邦基矽卡岩金矿的成矿时代接近,这一类矽卡岩型矿床代表了苏门答腊岛上较为重要的一次成矿时代,即与侏罗纪—早白垩世岩浆弧相关的铜金成矿期。矽卡岩型矿床其局部矿化品位高,但是储量较低,经济价值较低。

3.2.3 锡(钨)矿

锡矿床主要分布在梅迪亚(中央)苏门答腊构造带锡矿成矿带,矿床类型分为与 S 型花岗岩有关的锡矿床和砂锡矿床两类。开采利用的锡矿为砂锡矿,其来源为含锡 S 型花岗岩类。在苏门答腊本岛的锡矿床主要有开斯(Kais)、实武牙、罗干、地尕布鲁山、邦科城、哈塔邦、加巴山等砂锡矿床(点)。锡矿中大多伴生或共生钨矿、金矿、稀土矿。

地尕布鲁山锡矿集体中的冲积型也是主要的锡矿,源自就位于 MSTZ 带以东塔巴奴里群变质沉积物的花岗岩。

位于加巴山矿集区的锡石和含铈独居石冲积型矿床是云英岩和结晶花岗岩剥蚀后形成的,云英岩和结晶花岗岩形成于晚期,位于加巴岩基的顶部。该复合岩基形成于白垩纪,发育中白垩世闪长岩相及随后形成的含石英-长石两相共结体的晚白垩世花岗岩相。锡矿化和稀土矿化是熔体连续分异的结果，熔体侵位于一个长期存在的通道中以及形成于有利围岩的热液系统中。

苏门答腊岛北部的晚白垩世哈塔邦锡矿床与哈塔邦花岗岩有关，其中的锡矿和钨锰铁矿来源于花岗岩围岩中的结晶花岗岩和云英岩。

形成于晚白垩世岩浆作用期的锡矿床有两种成因：①晚白垩世岩浆弧侵入体的分异和同化作用；②由地壳增厚导致的过铝质变质沉积岩的重熔以及弧后地区相关的幔源侵入体的重熔。

3.2.4 铅锌矿

苏门答腊岛的铅锌矿主要由海西期成矿作用形成，其次有一些燕山期成矿作用形成的矿床，矿床主要类型如下。

1. MVT 型铅锌矿床

苏门答腊岛最重要的铅锌矿区产出于北苏门答腊岛多巴湖西北部的尕略特组地层，以戴里地区的一系列矿床（安京黑塔、邦卡拉、拉杰合）为代表。该矿构造上位于东苏门答腊地体，属于晚古生代沉积盆地。

2. 矽卡岩型铅锌矿床

矽卡岩型铅锌矿床沿断裂活动频繁的苏门答腊断裂带沿线分布，矿床（点）主要有麻拉西邦基矿集区铅锌矿点、西苏门答腊省的苏里安铅锌矿、杜孙矿集区的铅锌矿和洛洛铅锌矿等，矿床规模一般较小。

3.2.5 铁矿

苏门答腊岛铁矿床类型分为矽卡岩型铁矿床、火山岩型铁矿床和铁砂矿床。矽卡岩型铁矿床和火山岩型铁矿床分布在亚齐特区、西苏门答腊、南苏门答腊岛、邦加-勿里洞，大部分规模较小，多为小矿点，矿石为磁铁矿，一般品位较高。铁砂矿分布在亚齐特区、明古鲁海岸，铁砂矿可分为坡积铁砂矿和海滨铁砂矿。明古鲁北部的穆廓—穆廓地区铁砂矿床，为坡积铁砂矿，铁品位为35.00%。明古鲁南部的曼那铁矿为海砂型，铁矿砂含铁30%～50%不等。矿体沿海岸线延伸达数十千米，矿层厚度变化较大。

3.3 主要矿床地质特征

3.3.1 典型高硫低温热液金矿——马塔比金矿

1. 概况

马塔比（Martabe）金矿位于印度尼西亚苏门答腊岛西北港口实武牙附近（图3-2），作为苏门答腊岛已发现的最大的金矿，现在由香港上市企业国际资源集团控股。马塔比矿床的工作合约（COW）已经是第六代合约，覆盖的面积为1639km^2，马塔比金矿经过近15年的勘查及建设后，从2012年开始已经投入生产，年平均产金8.7t，产银58.5t。

1997年，Newmont公司在马塔比地区开展的水系沉积物地球化学调查，通过大样浸取金法（BLEG）发现了金地球化学异常，并首先发现了普纳马（Purnama）矿区。随后，巴拉尼（Barani）、RambaJoring、Tor Uluala及Uluala Hulu 4个矿区先后发现，这5个矿区一起构成了现在的马塔比金矿（图3-3）。截至2014年，这5个矿区符合JORC标准的资源量为：金230t和银2177t。

基于马塔比矿床目前已经确定的矿产资源储量，以目前的生产速度，该矿山还具有10年以上的生

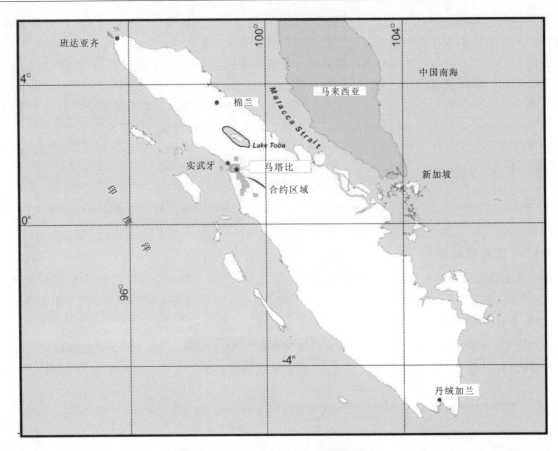

图 3-2 马塔比金矿位置示意图

产寿命。目前正在开发的有普纳马、巴拉尼和 RambaJoring 3 个矿区,其开采方式皆为露天开采,首先投入生产的是普纳马矿区(图 3-4)。

2. 区域地质背景

马塔比金矿位于欧亚板块与印度-澳大利亚板块碰撞的过渡带,该地区属于新生代苏门答腊火山弧,此火山弧隶属于超过 1600km 的西北方向延伸的爪哇巽他-班达亚齐弧。马塔比金矿东侧 10km 处即为苏门答腊断裂带。

该地区的最古老的岩层为古生代变质沉积岩的塔帕努里群,在它之上的是巴鲁斯组(Barus)沉积岩,主要是砾岩和砂岩含少量粉砂岩和页岩。这两个单元为马塔比区域的主要沉积岩,也构成了基底。覆盖在巴鲁斯组沉积岩之上的是中新世昂科拉(Angkola)火山岩,其中斑状安山岩(VAN)和火山角砾岩(VBX)是主要的矿化母岩。更向上是一个火山通道杂岩,包括一系列的断层控制的岩浆角砾岩(BPM)。角砾岩包含两个单元,一个是硅化角砾岩(sBPM),它被破碎和裂隙-角砾化,这是矿化的主要阶段;另一个是晚期富含黏土的角砾岩(cBPM),该角砾岩并未矿化。地层最上部的是第四系多巴地区(Toba)凝灰岩,马塔比金矿以北著名的多巴火山高原主要由这一单元构成。

马塔比地区东部以花岗岩(IGR)为主,与老地层侵入接触或断层接触。年龄测定为三叠纪,同时该侵入岩与西北方向的实武牙花岗岩相关。

东部花岗岩西缘为新近纪侵位的英安杂岩体,包括英安斑岩(VDA)和角闪石安山岩(VANh)。英安斑岩(VDA)这个岩石单元也是主要的含矿母岩之一,角闪石安山岩侵位较晚,并且通常未矿化。

主断裂构造控制了该地区主要地质单元的分布,并对矿化的分布产生重大影响。西北走向断层被认为是右旋走滑苏门答腊断裂带的一部分。除了走滑运动,垂直上的运动也显著存在。以普纳马断层为西界,以花岗岩接触断裂为东界,形成一个地堑,该地堑的下降盘中,有第三纪火山岩、英安岩和角砾

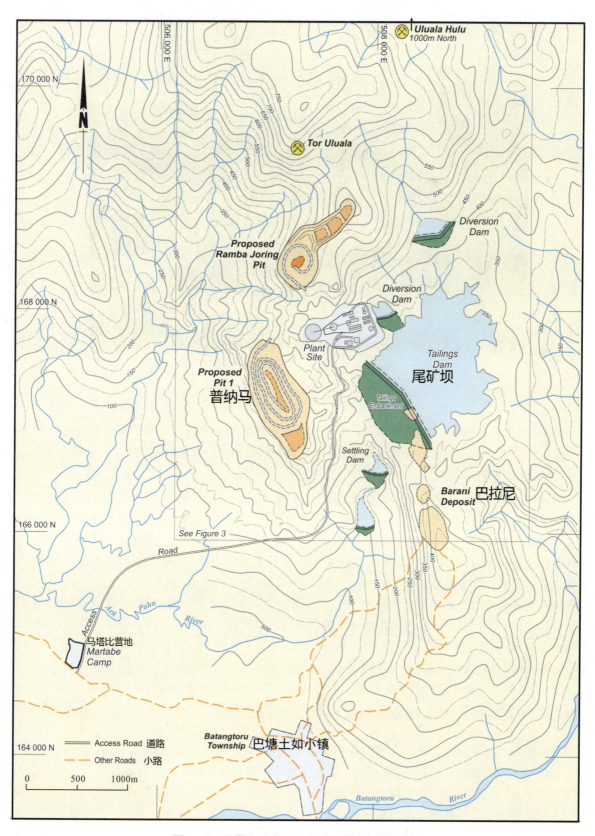

图 3-3 马塔比矿床 5 个主要矿区的位置分布图

图 3-4 普纳马矿区矿体照片

岩(图 3-5)。

虽然 1 号断层走向西北,多数控矿断裂的走向为北北西或北北东方向。这些断裂控制了英安质穹窿杂岩的侵位,且热液蚀变中心也沿着这一方向排布。北北东断层控制了火山通道岩墙和硅化带的分布。

3. 矿床地质特征

马塔比矿床最大的 5 个矿体普纳马(也即 Pit 1)、巴拉尼、RambaJoring、Tor Uluala 及 Uluala Hulu 从最南到最北直线距离超过 6km(图 3-3),矿化露头沿山脊分布,并且通常形成较深的超过 120m 深度的氧化带,氧化带轮廓极度不规则。

以普纳马矿区为例,矿体剖面图(图 3-6)上显示,矿体主要在海拔 200m 以上的硅化角砾岩带以及顺断裂带分布。矿化带呈扁平状,延伸长约 1.2km,宽约 1km。

普纳马西侧的普纳马断层为北北西向,被认为是苏门答腊断裂带的次级断裂,硅化蚀变和矿化的分布明显受陡倾的断层控制。矿区内的断层系统为热液的运移提供了充分的通道。普纳马断层以西的地质体相对更简单,所受蚀变程度也更低,而普纳马断层以东和实武牙(IGR)花岗岩以西的类似拉分断裂地堑中,地质体较为复杂,也是矿化发育的位置。

图 3-7 模拟了马塔比矿床的地质发展史和各矿区在区域地质所处的位置,可见巴拉尼矿区矿化发育在更老的地层,而 RambaJoring、Tor Uluala 和 Uluala Hulu 的矿化发育于最新的火山通道角砾岩中。

尽管普纳马和巴拉尼矿区的矿化都发育于硅化角砾岩中,然而巴拉尼矿区的矿化是有所区别的,其主要位于陡倾斜石英脉和席状石英脉中,以及靠近脉体的热液角砾岩和硅质蚀变岩中。

中新世的火山-沉积岩系,从底部的巴鲁斯组砂砾岩、粉砂岩层,到上部的昂科拉组火山岩,在上新世受到多期的岩浆蒸汽热液角砾岩的侵入,这些火山通道相角砾岩被认为是与北部的英安岩是同期的。

斑状英安岩主要出露于普纳马东北,大部分含 5%~7% 石英斑晶,以及 20% 的斜长石斑晶,其他矿物为黑云母和角闪石,局部被多孔状硅化蚀变和高级泥化蚀变(图 3-8)。

与大多数高硫型低温热液矿床一样,马塔比矿床的围岩主要遭受了硫酸淋滤蚀变。普纳马地区的

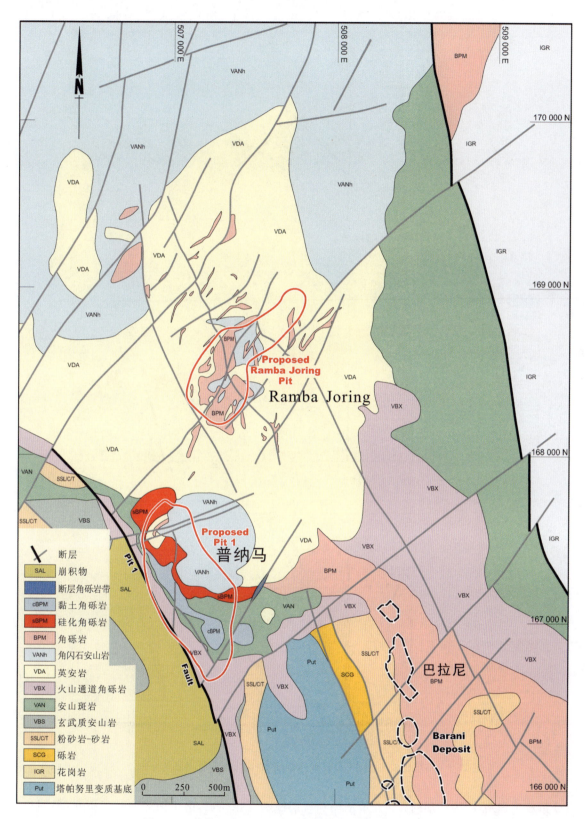

图 3-5 马塔比矿区地质图(国际资源集团储量报告,2009)
注:矿体主要位于 sBPM 硅化角砾岩和 BPM 角砾岩中。

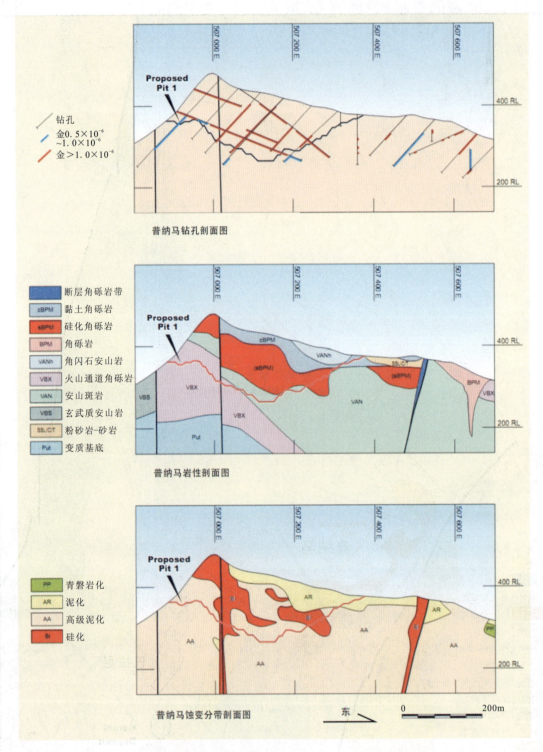

图 3-6　马塔比矿床普纳马矿区矿体剖面图（国际资源集团储量报告，2009）

蚀变分带较难识别，因为多期的岩浆热液活动和后期蚀变互相叠加，由于蚀变的时代不同，不同角砾岩的接触界线非常明显。早期的硫酸蚀变，中心相为多孔状—块状硅化带，向外为石英-地开石-明矾石带，更外围为石英-伊利石带，最外为泥化和高级泥化带。蚀变多以主要构造转变带为中心，如断裂交叉点。

马塔比矿区的金银矿化主要位于英安质穹隆和火山通道杂岩的内部。矿化一般发生在角砾化和硅

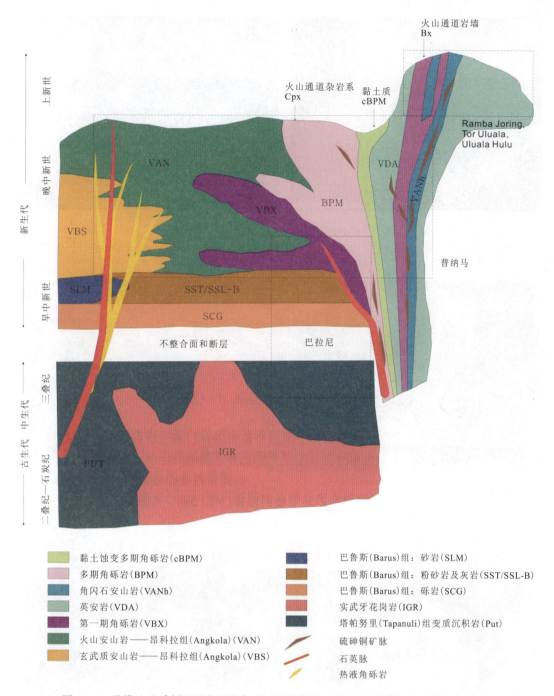

图 3-7　马塔比地质剖面示意图及各矿区所处位置示意图(据马塔比金矿内部资料)

化区,逐步为硅酸化和高级泥化的石英-明矾-高岭石蚀变分带,向外变成富含黏土泥化和绿泥石岩相。酸性热液淋滤岩石后产生了孔隙,留下可以渗透的围岩以及一个相对受脆性断裂控制的岩石。矿化与硅化之间有很强的关联,高品位矿化通常与后期压裂和裂纹型角砾岩化有关。

马塔比矿区的主要矿石矿物种类是硫砷铜矿(铜硫化砷),含少量铜蓝(硫化铜)、黄铁矿、赤铁矿、白铁矿,但铜品位相对较低,很少品位超过0.2%的铜矿石。重晶石呈片状分布在多孔状硅化蚀变带内(图3-9),银以硫砷银矿(银硫化砷)和深红银矿(银硫化锑)形式产出。黄金呈细粒相当均匀地在角砾岩内分布,但硅化程度越强品位越高。

图 3-8 英安岩镜下照片

注：图 a 中所示为粗粒大于 3mm 的石英斑晶，图 b 中所示为已被蚀变为方解石的角闪石。

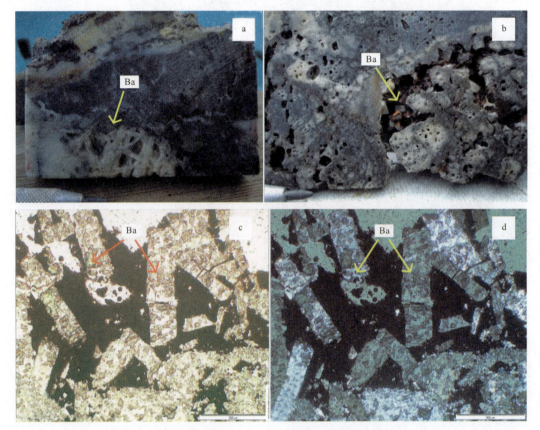

图 3-9 重晶石呈针柱状分布于多孔硅化带中

注：图 a~b 为手标本照片，Ba 代表重晶石；图 c~d 为镜下照片，中央黑色为赤铁矿-针铁矿。

在氧化带内原生硫化物被氧化为赤铁矿和针铁矿。原生铜硫化物被氧化，并被强烈淋滤。位于氧化带底部的是混合的氧化物和硫化物的过渡区域，过渡区的厚度不均一，但平均约 50m。

4. 矿床成因

图 3-10 对马塔比矿床的形成进行了演示。首先，多期次的断裂活动为岩浆上侵提供了通道，随之而来的是马塔比地区最初的高级岩浆作用的脉冲式活动。

岩浆在超过 1~2km 深度时，残余热液顺次级断裂继续向上，以断层为中心形成了一系列硅化和青

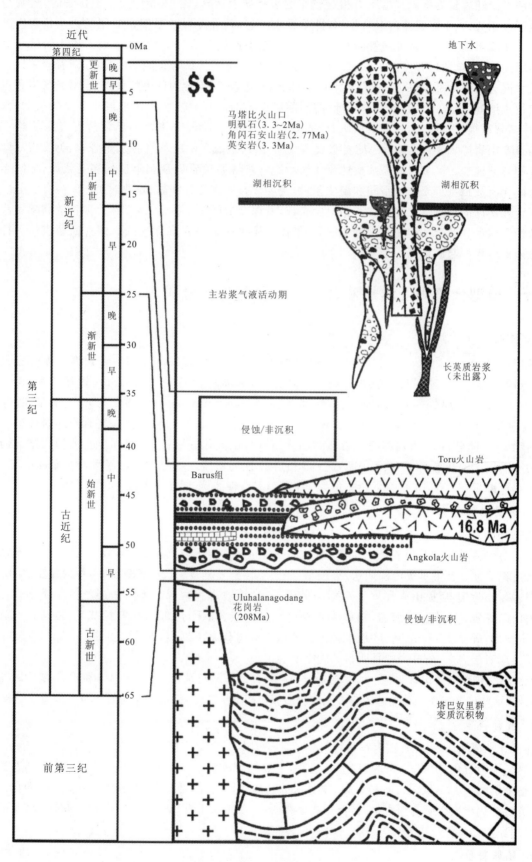

图 3-10 马塔比矿床形成演化图(Bronto Sutopo,2013)

磐岩化蚀变。随着长英质岩浆沿压力相对较小的裂隙向上运移,在1km深度以上位置时,岩浆与潜水面的地下水相遇,发生岩浆蒸汽混合作用,即隐爆火山岩筒,并发育了早期未成层的火山角砾岩。随着引爆作用深度不断减小以及苏门答腊断裂带的走滑断裂作用形成拉分盆地,逐渐形成了沿低洼盆地分布的玛珥湖(火山口湖),并发育了一套湖相成层的沉积角砾岩。在岩浆活动的晚期,随着岩浆残余挥发分与天水混合发生冷凝,形成了大量含SO_2、HCl、CO_2、H_2S和HF的低温酸性热液,对角砾岩带以及火山岩进行了淋滤,形成了多孔状的硅化蚀变带;随后发生的高硫化蚀变作用形成了大量的硫酸盐矿物。同时,伴随着高级泥化蚀变,发育了明矾石-高岭石,然而这一阶段并不是主矿化阶段。英安岩(VDA)和角闪石安山岩(VANh)是最后一期岩浆侵入活动,最后形成多阶段蒸汽岩浆角砾岩、英安岩流穹隆状杂岩体和热液蚀变。富金银的高硫酸性流体活动进一步淋滤角砾岩带和早期的多孔状硅化带,丰富的孔隙为矿化沉淀提供了充分的空间和温压条件,主要矿石矿物为黄铁矿-硫砷铜矿。

综合该矿床的地质学岩相学和矿物组合特征,并综合地球化学特征,该矿床为典型的高硫型浅成低温热液型金银矿。结合大地构造位置考虑,马塔比矿床可能是在含水洋壳的后俯冲断裂作用下挥发分集中进入地幔楔引起矿化的一个实例。

3.3.2 典型低硫化低温热液金矿——勒邦丹代金矿

1. 概况

勒邦(Lebong)矿集区位于苏门答腊岛西海岸明古鲁省,矿集区有6个矿床,由西向东分别是勒邦木斯(Lebong Musin)、勒邦丹代(Lebong Tandai)、勒邦苏利特(Lebong Sulit)、坦邦萨瓦(Tambang Sawah)、勒邦多诺克(Lebong Donok)和勒邦辛旁(Lebong Simpan)(图3-11)。它距离明古鲁市200km,地理上位于横贯全岛的巴里散山脉区。自14世纪以来,勒邦矿区就一直有当地居民进行金矿开采活动。19世纪,荷兰占据苏门答腊岛时期开始进行工业化开采。"二战"时期,苏门答腊岛西海岸包括勒邦矿集区的开采于1941年中断,此后矿业生产恢复缓慢。勒邦丹代已经生产了金40t,银400t,现有矿石资源量2260×10^4t,综合金品位为1.35×10^{-6},银品位为17.6×10^{-6}。

2. 区域地质背景

勒邦丹代金矿位于沃伊拉推覆体,距苏门答腊断裂系统北西约20km处。

矿区时代最早的岩石为胡卢辛旁组(Hulusimpang)和派南组(Painan)安山岩,其时代为始新世晚期到新近纪早期。其上被火山碎屑岩-火山角砾岩、集块岩及凝灰岩(N)所覆盖,为赛博拉组(Seblat)火山碎屑岩。作为围岩,火山碎屑岩变形作用微弱,褶皱也很难观察到。整个岩层顺角倾缓,倾向北西。复屑火山角砾岩是最常见的熔岩,角砾岩中角砾呈棱角状、圆状,角砾间有细粒基质,角砾碎屑分选很差,基质支撑,砾径达15cm。矿区最年轻火山碎屑岩的时代是上新世(N_2)到更新世(Q_p),它们不整合覆盖于早期岩层之上,角砾岩中具明显的晚期矿化。

流纹岩呈似脉状产出,产状直立,厚约1m,在矿区西部末端特别发育,空间上常和矿体共一生,常沿构造就位,而这些构造往往又是控矿构造。流纹岩形成时间早于矿化,故在矿化角砾中可见到流纹岩角砾。

3. 围岩蚀变

在矿化角砾岩1~2m范围内存在着典型的硅化现象。在矿化周围15~20m范围之内,绢云母化、黄铁矿化、伊利石化、伊利石-蒙脱石化(互层)是主要蚀变现象。伊利石-蒙脱石互层中,伊利石是主要的,占整个层的75%~80%。远离矿体,未见成分的规律性变化,成分的改变取决于温度的变化。绿泥石化、黄铁矿化出现在所有围岩中,甚至远离矿体150~200m也有出现,这表明该区可能有广泛的青磐岩化作用。

4. 矿体特征

勒邦丹代矿床的金银矿化全部赋存于石英胶结的角砾岩中(图3-12)。该角砾岩中贱金属硫化

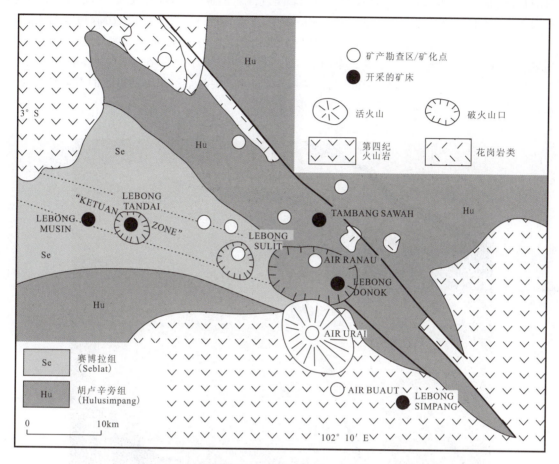

图 3-11　勒邦矿区地质简图（Henley，Etheridge，1995）

图 3-12　勒邦丹代矿区硅化角砾岩

物、绿泥石、冰长石及方解石含量变化较大。角砾岩呈陡倾斜的板状体,规模较大,比较连续单个角砾岩宽度一般为1~2m,个别可达6m,长度可达700m,已知垂向延伸达500m。在火山碎屑围岩中,角砾岩呈极不规则状至似层状,边界清楚,较易确定,角砾岩板状体上、下盘与围岩呈面状接触。接触面上常见倾向滑动擦痕或走向滑动擦痕,但在同一个面上,有时两种擦痕同时存在,在上、下盘接触面上也可看到不同方向的擦痕。角砾岩在下盘呈星面状与围岩接触,而上盘则与呈不规则的带状的石英脉接触,石英脉宽达1m(图3-13),远离矿体,石英脉逐渐减少。

图3-13 勒邦丹代矿区石英脉

勒邦丹代矿床矿区矿化角砾岩的围岩为一系列新近系火山碎屑岩,矿化角砾岩的碎屑成分为围岩或无矿角砾岩。角砾岩成分是极不均匀的。无论是沿矿化构造的走向还是在一个单独的矿脉内均是这样。角砾主要是围岩角砾,由石英胶结,呈星棱角状或次圆状。角砾颗粒较大,砾径有时可达1m,但一般情况下砾径为5~20cm。硅化、绿泥石化火山碎屑是常见的类型,而流纹质碎屑仅在Aer Noar东侧比较常见。大多数碎屑中矿化前石英脉及角砾的含量变化不定,而石英胶结的角砾是普遍的(图3-14)。

矿化角砾岩中含有石英和硫化矿物,在这些矿体中其往往和绿泥石、冰长石共生。银金矿是已知唯一的含金矿物。另外,有银的硫酸盐、含银的碲化物,含金银矿物占所有金属矿物的比例不到1%,而99%以上的贱金属矿物为黄铁矿、黄铜矿及方铅矿。在单个角砾岩样品中,所有贱金属硫化物都较常见,但各种矿物的比例变化很大。

图3-14 复成分角砾岩镜下照片
Qz. 石英;Opa. 不透明金属矿物;Af. 长英质;Lit. 岩屑

硫化物直径达 5mm，较粗的颗粒往往由较小的矿物集合体组成。在硫化物交生的地方，交生结构表明，精矿物颗粒的圆化边缘发生交代作用。早期矿物边缘产生叶状、港湾状溶蚀现象，形成新矿物。在这些叶状、港湾状溶蚀晶体之间，早期矿物为残余矿物，呈尖棱状，有的呈不规则状包体，包体有的也具尖棱状。

黄铁矿是最早沉淀的贱金属硫化物。虽然半自形颗粒比较常见，但也可见到较自形的黄铁矿颗粒，它们常被后来的硫化物包裹。可见交代现象，特别是可见到由交代作用而形成的闪锌矿、方铅矿。在硫化物被绿泥石所包裹的地方，黄铁矿是能观察到的分布量最大的硫化矿物，形态呈典型的自形或半自形。

方铅矿和黄铜矿通常一起出现或者二者共生在一起。它们形态不规则，二者间界线也不规则，结构未能表明二者有相互交代现象，据此认为二者属同生沉积结晶。

闪锌矿是最后阶段沉积的矿物，可见到其对早期矿物有局部交代现象，闪锌矿集合体呈不规则状，其粒径可达 6mm，单个颗粒为 2mm。闪锌矿半透明，浅褐—鲜黄色，闪锌矿边部黄铜矿包体较多。

螺硫银矿是主要的含银硫酸盐，此外尚有硫砷铜银矿及硫砷铜银矿-硫锑银矿，它们常与贱金属硫化物、贵金属相矿物共生，或产于角砾岩的石英基质中。含银硫酸盐颗粒通常呈不规则状，特别是与其他矿物共生时更是如此。

碲银矿和硫碲银矿一般以圆状包体形式存在，粒径达 $50\mu m$，它出现于方铅矿和闪锌矿中，但它也可以形成大的粒状，与贱金属共生，而与之共生的这些碲银矿通常形态不规则，粒径达 $200\mu m$。硫碲银矿仅在方铅矿中里包体形式存在，或存在于方铅矿中的碲银矿包体中。碲银矿中的硫碲银矿包体长 $10\mu m$，形态不规则，而方铅矿中的硫碲银的形态为圆状，粒径达 $20\mu m$。

3.3.2.5 矿床成因

在喜马拉雅成矿期，强烈的火山-侵入岩沿着苏门答腊断裂带分布，含矿流体在沉积岩与火山岩的接触带横向流动，断层界面反复打开、闭合和热液充填，经过脱气、沉淀，形成低硫型浅成低温热液金矿床。

区域构造在矿床形成位置和形成作用方面起着很大的作用，它不仅只是为矿化流体开辟通道，而且高角度断层对先期存在的构造有压缩现象。超岩石静压流体导致原始走滑断层发生逆向活化，继之而来产生水力角砾岩化作用及碎屑流动作用。硅质、贱金属硫化物和贵金属相矿物的沉积与沸腾作用有关，而沸腾作用又与流体减压作用有关。上述矿物的沉积速度很快，可以在流体速度减小到碎屑不能移动之前形成胶结物支撑的角砾岩。

3.3.3 矽卡岩型金矿——麻拉西邦基金矿

1. 概况

麻拉西邦基（Muara Sipongi）金矿位于北苏门答腊省的巴里散山脉区中部，它距离巴东实林泮和武吉丁宜约 150km，距离西海岸的纳塔尔港约 125km。作为苏门答腊岛较为典型的矽卡岩型金矿，它在"二战"前曾由荷兰人进行开采，战后由英国地调局进行过简略的勘探工作。

该矿区为花岗岩与石灰岩接触形成矽卡岩型金矿，矽卡岩由硅灰石-石榴石铁矿等组成（硅灰石85%、钙铝榴石12%、斑铜矿5%）。矿石平均品位：金 4×10^{-6}、铂 8×10^{-6}、银 2×10^{-6}、铜 0.002%。矿山南部新近纪 Simpang Datar 金矿脉组为河流冲积金矿也提供了部分矿源。

2. 区域地质

麻拉西邦基地区被一些发育于北西-南东向苏门答腊断裂带之间的斜向断裂横穿而过，属于西苏门答腊地体。区域南部还发育有超基性岩和蛇纹岩套，主要岩石单元有塔帕努里群（Tapanuli）、皮三甘群（Peusangan）和沃伊拉群（Woyla）（图 3-15）。

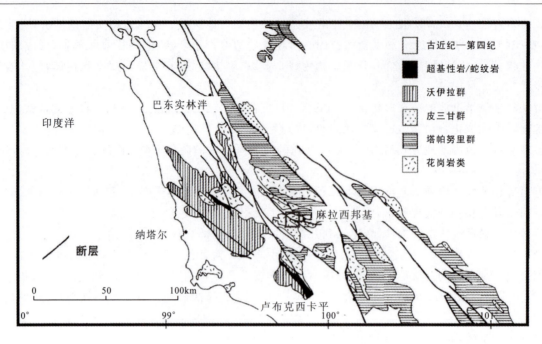

图 3-15 麻拉西邦基区域地质图

该区最老的岩石属于皮三甘群司龙康组（Silungkang），该地层也是矽卡岩围岩。区内的司龙康组主要为块状结晶石灰岩和基性—安山质变质火山岩，其中石灰岩构成了两条互相平行的北西-南东向脊线区，矽卡岩岩块正是沿着脊线周边发育。司龙康组火山岩包含斜长石和角闪石斑岩类以及无斑隐晶质类等多种火山岩，且均具有角闪石化和绿泥石化的特征，二者构成了互层状岩层。

侵入至司龙康组岩层的是麻拉西邦基侵入岩，该侵入岩主要由非斑状中细粒闪长岩和花岗闪长岩构成，为 I 型花岗岩，侵入岩侵位作用发生于 158±23Ma（即晚侏罗世）。

该区最年轻的岩石是在南部第三纪喷出的火山岩，主要由中性至酸性火山碎屑物构成。

3. 矿化类型

矿区内矿化类型主要有以下 3 种：第一种是矽卡岩化，形成矽卡岩类矿床；第二种是出露于 Tabor 和 Mangampo 山谷的含硫石英矿脉，这些矿脉赋存于司龙康组火山岩中，呈明显的北西-南东或西—北西—东—南东向分布，反映了大型区域断裂的方向；第三种则是 Simpang Datar 区内的石英脉，尽管偶尔可见锰质成分，但其中仅含少量的硫化物且其发育于第三纪火山岩中，不同于第二种含硫矿脉，第三种石英脉明显呈北—南向发育。

矿区内所有的矿化体中均含有金矿。

4. 矿床地质

矽卡岩地层的主要分布区域靠近侵入岩南缘的断裂带，且大部分均与灰岩露头区相对应。然而，灰岩和火山岩围岩层段中矽卡岩类和钙质硅酸盐的形成均与变质作用有关。

矽卡岩矿化中初期的矿石物相包括黄铁矿、赤铁矿、黄铜矿、斑铜矿和磁铁矿。这些矿物的形成均晚于无水矽卡岩的形成，但比晚期绿泥石类矽卡岩的破坏要早，因此表明区域温度范围为 250°~350℃。磁黄铁矿的缺乏以及共生斑铜矿和黄铁矿的缺乏表明硫-氧逸度范围十分有限。同时，在矿化过程中也发生着退化矽卡岩蚀变作用。

后来的硫化物沉淀形成了砷黄铁矿、闪锌矿、白铁矿、钴-镍硫砷化物以及黄铁矿和黄铜矿。这些物相与绿泥石类矽卡岩的破坏性蚀变和方解石-石英的成脉作用具有很大的关系。该阶段的温度可能低于 200℃，这些后期形成的矿物与矽卡岩分析中所含的锌、砷及铅成分具有相关性。

麻拉西邦基矿区似乎是一个从"铅+贫锌"的矽卡岩矿石到"铅+富锌"的脉型矿石的连续体。这种模式与诸如斑岩系统周边的分带性矿石相具有一致性,这些斑岩系统中核部为富铜带,向外围则过渡为锌-铅低温带。

金矿很少作为矽卡岩矿石的主产品进行开采,但它却是许多矽卡岩的构成成分,通常会作为铁矿(磁铁矿)和铜矿矽卡岩及偶尔锌-铅矿矽卡岩的副产品予以开采。

矽卡岩及共生矿脉中自然金成分中金原子数百分比在5%~35%,铜原子数百分比达0.8%。该区内一套冲积砂金中可见微量的铜和原子数百分比为45%~65%的金,该砂金矿的形成可能与附近的一套第三纪浅成热液型石英矿脉有关。

5. 矿床成因

麻拉西邦基矽卡岩形成于大型断裂附近,正好也为迁移到此的含金流体提供了一个有利的沉积场所。金矿随着热液流体的迁移通常需归因于绿泥石的络合作用,尤其是在那些高温矿床中,流体盐度高,溶液相对为酸性。而在冷却环境中,含硫络合物可能更重要,特别是对于那些金矿的形成和硫化物有强烈关联性及溶液呈中性或弱碱性的矿床。

碳酸盐的沉积说明溶液不具有强酸性,稍低温度下(180°~250℃)伴生矿脉中的金矿沉淀和矽卡岩中金矿碲化物的沉淀也与硫化物具有相关性。低温金矿可能代表着自硫化物或一些矽卡岩硅酸盐(如透辉石)中初期捕获体中解离出来的金矿。

麻拉西邦基矿床晚期的成脉作用,主要受断层控制,位置也集中在苏门答腊断裂带沿线。金的源岩可能是斜向俯冲引起的边缘盆地闭合,或加积过程中卷入该带的基性和超基性岩石。大洋岩石组合发生的普遍水合作用(如蛇纹岩化)为金矿再解离提供了可能性,部分金和钴及镍可能也来源于交代变质和青磐岩化过程中的基性火山围岩。

3.3.4 斑岩型铜矿——唐塞铜矿

1. 概况

唐塞(Tangse)铜矿地处亚齐省,坐落在苏门答腊岛最北端,位于班达亚齐市(Banda Aceh)东南约100km处,海拔400m左右。1978年,唐塞斑岩型矿床由英国和印度尼西亚联合进行填图和水系沉积物化探采样工作所发现(Page,1978)。初期化探调查显示该地区存在大面积较弱—中等强度的铜和钼异常。此后,蒂马矿业有限公司(P. T. Tambang Timah Persero)与力拓印度尼西亚分公司合作,在化探基础上于1979—1981年对该地区开展了详细的勘探工作,勘探工作圈出了一处长逾5km、宽1~2km的铜化探异常和激发极化异常带。估算的铜储量为9×10^4t,矿石量6×10^8t,铜品位0.05%~0.20%,钼品位50×10^{-6}~150×10^{-6};其中包括3×10^7t中品位矿石,铜品位0.30%~0.60%,钼品位100×10^{-6}~300×10^{-6}。

目前矿床未进行开发。

2. 区域地质

唐塞斑岩型矿床铜钼矿化基本上局限于多期复式岩株——唐塞岩株内。该岩株侵位在格里瑟昆(Gle Seukeun)杂岩体的复式深成岩体内,岩株由多种石英闪长岩和英安斑岩构成。格里瑟昆杂岩体长约35km,最宽处大于5km,侵位在东沃埃拉群(Woyla)厚层变沉积岩和变火山岩内。杂岩体长轴在克鲁恩巴鲁(Krueng Baru)断层和皮纳鲁姆(Peunalom)断层之间呈北西—南东向延伸展布。皮纳鲁姆(Peunalom)断层是一个大型蛇纹岩岩体的东边界,岩体平面规模为1.5km×30km。大量岩墙切穿侵入杂岩体和周边的围岩(图3-16)。

3. 矿床地质

大型唐塞岩株呈北西向延伸,规模大约为15km²(7.5km×2km)。岩株由大量成分为石英闪长岩

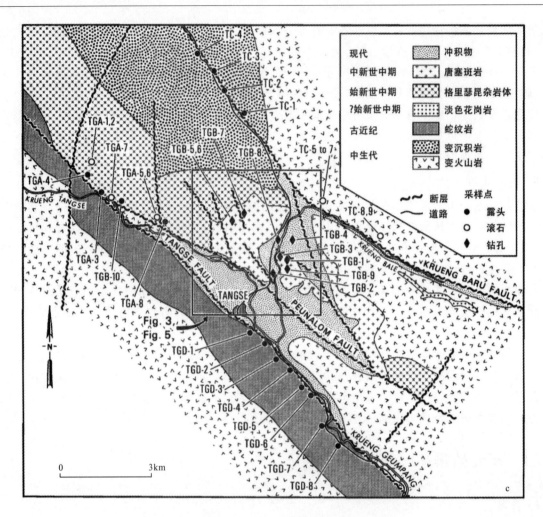

图 3-16 唐塞矿区简明地质图（Van Leeuwen，1987）

的斑状侵入岩（唐塞斑岩）组成，可以将其分为 3 组，即早期斑岩、中期斑岩和晚期斑岩。

早期斑岩构成了唐塞岩株的主体，其余阶段的斑岩体积较小，通常呈岩墙产出。高温热液硫化物矿物黄铜矿、辉钼矿和黄铁矿在早期斑岩岩体内的分布与一系列复杂的铝硅酸盐蚀变组合关系密切。早阶段含黄铜矿的黑云母化蚀变处于核部（铜品位 $0.1\%\sim0.2\%$，钼品位 $60\times10^{-6}\sim90\times10^{-6}$，总硫化物 1%），贫矿的绿泥石-绿帘石化蚀变晕将前者包裹于其中。二者均叠加了绢云母化蚀变，蚀变带内长石遭受分解，金属含量相当之高。在含黄铜矿-辉钼矿的绢云母-绿泥石-石英蚀变带内，总硫化物体积百分比含量为 $2\%\sim4\%$，铜和钼的品位分别在 0.2% 和 100×10^{-6} 以上，局部甚至可达 0.8% 和 300×10^{-6}，这表明铜、钼相比于黑云母化阶段发生了相对富集。相比之下，这两种元素在石英-绢云母（绢英岩化）和石英-绢云母-红柱石蚀变组合带内（总硫化物体积百分比含量为 $2\%\sim10\%$）则发生了亏损，品位分别不足 0.1% 和 20×10^{-6}。

唐塞矿床内发育的不同类型热液蚀变的分布特征。早期斑岩内深成热液铝硅酸盐蚀变矿物组合可以分为 5 组：①黑云母；②绿泥石-绿帘石；③绢云母-绿泥石-石英；④石英-绢云母；⑤石英-绢云母-红柱石。前两个组合中的蚀变矿物选择性交代镁铁质矿物，交代斜长石的程度有限，仅仅对岩浆岩原生组构造成了微弱的改造。相比之下，后 3 种蚀变矿物组合呈脉状—细脉状产出，与裂隙和绢云母脉关系密切，构成了宽度不一的蚀变晕。随着裂隙密度增加，蚀变晕逐渐并入导致长石普遍分解的蚀变带内。硫化物矿化的特征和强度与热液蚀变的性质密切相关。

唐塞矿区热液蚀变-矿化集中于唐塞岩株，包括 5 种主要的深成热液蚀变类型，各类蚀变中黄铜矿、辉钼矿和黄铁矿等硫化物含量不一。黑云母、绿泥石-绿帘石、绢云母-绿泥石-石英、石英-绢云母和石英-绢云母-红柱石蚀变矿物组合与其他许多斑岩型矿床报道的蚀变类型几乎一致。尽管斑岩体多期次侵入作用导致形成了具有复杂共生关系的不同阶段热液蚀变,但是早期斑岩内仍存在相当明显的蚀变-矿化不连续带状分布特征。

4. 矿床成因

唐塞斑岩属于中钾钙碱性系列,岩浆作用与俯冲作用之间存在非常紧密的成因联系,是西南太平洋岛弧和大陆边缘构造背景的典型产物(Mason,McDonald,1978;Chivas et al,1982)。苏门答腊断裂带促进了唐塞岩株的侵位以及斑岩型矿化的发育。铜钼矿化位于两条斜向归并的帚状断裂(唐塞断层和皮纳鲁姆断层)之间,这两条断层是苏门答腊断裂系内的次级断层。唐塞矿区晚阶段长石分解蚀变叠加在早阶段黑云母和绿泥石-绿帘石组合之上。相比早阶段的热液蚀变,晚阶段以富集金属矿物为特征,而后者却亏损金属矿物。这意味着形成长石分解蚀变的成矿流体,也对深成热液中铜和钼的再活化及再次富集具有重要的贡献。

3.3.5 矽卡岩型铜矿——苏利特河铜矿

1. 概况

苏利特河(Sulit Air)铜矿位于西苏门答腊省巴东市东北50km的巴里散山脉区,产于侏罗纪苏利特河岩体与中晚三叠世灰岩的接触带上。苏利特河铜矿代表了苏门答腊岛上较为重要的一次成矿时代,即与侏罗纪—早白垩世岩浆弧相关的铜金成矿期。在中苏门答腊岛上,这一成矿期内有数个以侵入体为中心的矿床,其中包括麻拉西邦基、克拉扬湖以及苏利特河。这些 I 型花岗岩体形成的铜金矿床与其邻区的东苏门答腊地体内与锡矿相关的 S 型花岗岩有明显差异。

2. 区域地质

在苏利特河区域内,变质基底主要为三叠系图乎组(Tuhur)的一套岩石单元,包括 TRtl 灰岩、TRts 板岩和页岩;更上部为渐新统 Tob 砾岩和 Tos 砂砾岩,上覆第四纪未分异的火山喷发岩(QTau)。

苏利特河矿区岩浆岩为略变质的闪长斑岩(qd)。岩石具有清晰可见的石英,以及绿泥石化和绿帘石化的片状黑云母斑晶。围岩为 TRtl 单元灰岩,矽卡岩接触带上发育大理岩和石榴石矽卡岩。矽卡岩为灰色至褐灰色,岩石中各种矿物呈他形粒状互相混杂产出。钙铝榴石或被包于硅灰石和透辉石之中,或成集合体呈条带状产出。大理岩主要矿物为近等轴粒状方解石,含少量豆粒状浅褐色石榴石变斑晶(图3-17)。

3. 矿床地质

苏利特河矽卡岩矿床的矿体呈透镜状,矿石矿物为斑铜矿、黄铜矿、辉铜矿、铜蓝、孔雀石。原生金属矿物主要为斑铜矿,呈细脉浸染状分布。受研究区新生代碰撞造山运动以来频繁的构造活动影响,导致矿体被强烈挤压破碎和改造。

Imtihanah(2000)利用 $^{40}Ar/^{39}Ar$ 方法获得了9个苏利特河深成岩套侵位的同位素年龄数值,集中分布在$(203\pm6)\sim(189\pm13)$Ma 和$(149\pm3)\sim(138\pm3)$Ma 两个范围内,分别落在早侏罗世和晚侏罗世时代间隔里,而缺乏中侏罗世的同位素年龄数据。因此,苏利特河岩体应该是一个多期次的复合岩体,其侵位时间分别发生于印支期造山后期和燕山早期碰撞后期(即 Post-collision)两个构造-岩浆旋回。同时,根据岩相古地理的恢复重建,苏利特河地区在晚三叠世末至早白垩世时期是属于 Tuhur 盆地的范围内。这种大陆裂陷盆地环境有利于下地壳或上地幔基性—超基性岩浆侵入和岩浆演化末期流体的加入。随着岩浆不断上侵,温压降低,岩浆末期的矿浆-气液混合体沿着接触带的薄弱位置就位,冷凝释放的热量促使围岩与岩体接触带间发生双交代作用形成矽卡岩。

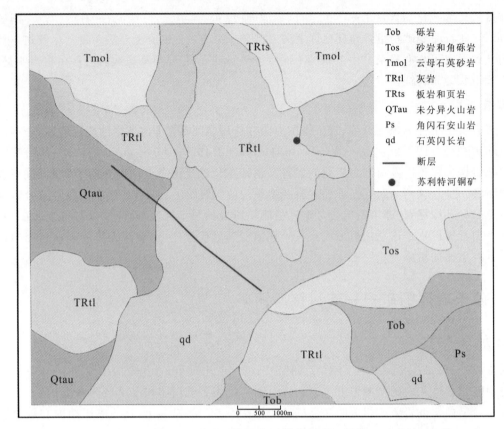

图 3-17 苏利特河矿区域地质图

3.3.6 MVT型铅锌矿——戴里铅锌矿

1. 概况

戴里(Dairi)铅锌矿位于苏门答腊岛西北部,距离印尼第三大城市棉兰约120km。1997年晚期,赫拉德(Herald Resources)公司在戴里附近的Sopokomil地区发现了层控的块状硫化物铅锌矿,并最终确定了一条铅锌矿化带。

戴里铅锌矿目前由安京黑塔(Anjing Hitam)、拉杰合(LaeJehe)、邦卡拉(Bongkaras)和大本营(Basecamp)4个矿区组成。该矿山目前由印尼Bumi Resources(PTDPM)开发,中国有色股份集团为EPC工程建设总承包。目前进行开发的资源主要为安京黑塔矿区,拉杰合矿区的品位稍低于前者,北部的邦卡拉矿区则是资源远景区。

戴里矿床符合JORC标准的矿石资源量为2510×10^4t,锌平均品位10.2%,铅平均品位6.0%,含锌金属量256×10^4t,铅金属量150×10^4t。其中,安京黑塔的品位最高,拥有矿石资源量810×10^4t,锌平均品位14.6%,铅平均品位9.1%,铅和锌金属量共192×10^4t,伴生银金属98.8t。

2. 区域地质

戴里铅锌矿位于东苏门答腊地体,属于晚古生代沉积盆地,含矿层为库鲁特组(Kluet)。

3. 矿床地质

戴里铅锌矿带从南部的安京黑塔到北端的邦卡拉出露长度约3.5km,同时还出露有块状硫化物露头(图3-18)。

主要的岩石类型包括Sopokomil地区页岩和白云岩、Jehe地区白云岩、Julu地区碳质页岩和Da-

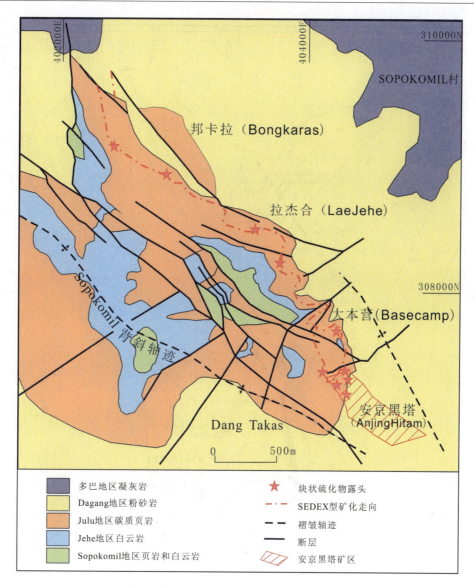

图 3-18 戴里矿集区地质简图(印度尼西亚贱金属矿物前景,2006)

gang 粉砂岩。矿化位于 Julu 地区碳质页岩和 Jehe 地区白云岩以及钙质粉砂岩中,主要为块状硫化物矿石。

1) 矿化类型

SEDEX 矿化:沉积喷流作用(SEDEX 型)形成的密西西比河谷型矿床被认为形成于火山流体和沉积物的反应;次生矿化是由 SEDEX 型矿化经风化作用形成的富金属溶液在下渗过程中沉淀形成的(Middleton,2003)。SEDEX 矿化位于穹隆形构造中,在穹隆的东北部沿走向延伸达 5km。矿化产出于碳质页岩和白云质砂泥岩中,东南部呈厚度较大的单一矿化层,而东北部呈多层较薄的矿化层。

MVT 型和脉型矿化:仅限于一套板状碳酸盐岩中,这套碳酸盐岩上覆发育 SEDEX 型矿化的泥岩,两者接触界限鲜明(Middleton,2003)。

2) 矿体特征

矿体呈似层状、透镜状和脉状。似层状、透镜状矿体产状与地层和层间破碎带产状一致,与围岩整合接触,一般无交代、蚀变现象,或围岩蚀变微弱(图 3-19)。在 Julu 沉积喷气带相变大。层控块状硫化矿床,可从南东端安京黑塔单一厚层(主矿层),到北西端为多层组合矿层,厚可达 100m。前者是较安静的局部盆地条件,后者出现富碳酸盐岩碎屑,为较快速沉积。硫化物矿化为层状,见粒序层理。

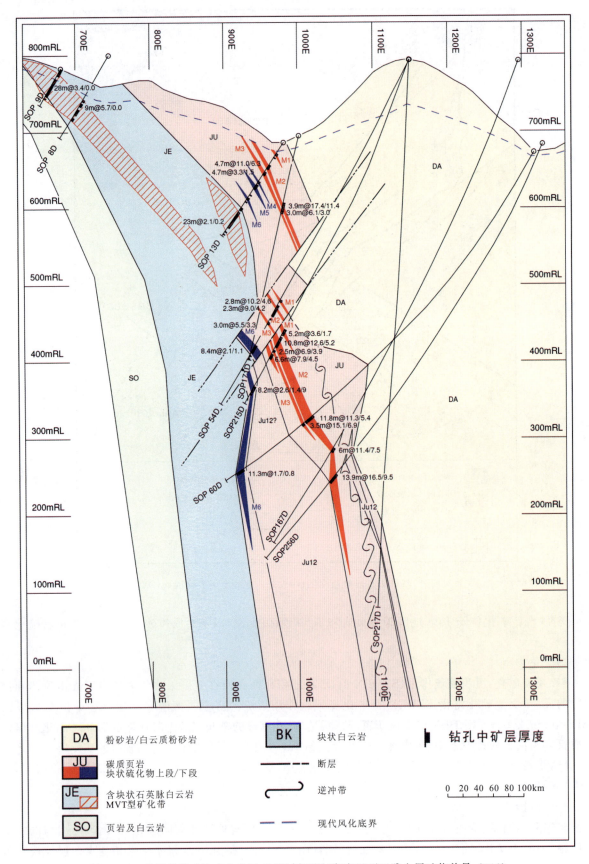

图 3-19 戴里铅锌矿拉杰合矿区 800N 剖面图(印度尼西亚贱金属矿物前景,2006)

3) 矿石类型、结构构造

安京黑塔矿区包含层控黄铁矿、方铅矿和闪锌矿(块状硫化物),母岩为粉砂质碳质页岩。拉杰合矿区的矿物主要为块状硫化物,包括许多金属硫化物层,在深部与页岩互层,在更深的位置为多条带状沉积物。

矿石类型为单一的黄铁矿石和黄铁铅锌矿石,两者均只含少量碳酸盐矿物、石英和泥质物。矿石铅锌品位一般较高,常伴生可综合回收利用的银。

矿石碎屑结构和类碎屑结构发育。矿石构造主要为条带状构造、层纹状构造、沉积韵律构造、块状构造和角砾状构造等。矿石有富原矿型的黄铁矿,通常发育很好的层纹,由50%~60%黄铁矿、20%~30%闪锌矿、10%~20%方铅矿和少量泥质物、石英及重晶石组成层纹。在发育有较粗颗粒的角砾状胶结的富闪锌矿-方铅矿地段,含5%~10%黄铁矿,无其他硫化物矿物。

4. 矿床成因

戴里矿区矿体的来源是火山流体和沉积物,其是由SEDEX型矿化经风化作用形成的富金属溶液在下渗过程中沉淀形成的。

4 成矿地球化学特征

4.1 岩石地球化学特征

苏门答腊岛的主要矿床类型包括高硫型低温热液金矿、低硫型低温热液金矿、斑岩型铜矿、矽卡岩型铜矿和花岗岩型锡矿。根据各矿床的成因特点，本章选取各类典型矿床的赋矿围岩及矿化岩石进行了主微量及稀土元素的研究。表4-1为各样品的来源矿床及岩性。

表4-1 苏门答腊岛各类矿床样品列表

序号	类型	位置	样号	岩性
1	高硫型低温热液金矿	马塔比矿床	HQ-105-2	风化英安岩
2			HQ-106	玄武质安山岩
3			HQ-110	角闪安山岩
4	低硫型低温热液金矿	勒邦矿床	HQ-113	安山岩
5			HQ-3	矿化石英脉
6	斑岩型铜矿	唐塞矿床	HQ-103	花岗斑岩
7	矽卡岩型铜矿	苏利特河矿床	H(DA022)-1	石榴石矽卡岩
8			H(DA023)-1	硅灰石透辉榴石矽卡岩
9			H(DA023)-2	斑铜矿化矽卡岩
10	花岗岩型锡矿	邦加岛矿床	HQ-119	花岗岩
11			HQ-120	花岗岩

4.1.1 主量元素特征

研究区内主要矿床赋矿岩石的主量元素化学分析结果见表4-2，可见各类矿床的主量元素地球化学特征有所不同。由于低温热液型金矿主要产于英安岩及安山岩类岩浆岩中，故其围岩偏中性，SiO_2含量平均为60%，Al_2O_3含量平均为15%。而斑岩型铜矿的赋矿岩石主要为花岗斑岩，更偏酸性，故SiO_2、Al_2O_3含量更高。矽卡岩型铜矿赋矿岩石主要为石榴石矽卡岩，主量元素主要为富CaO贫SiO_2

表 4-2 苏门答腊岛主要矿床类型赋矿围岩主量元素含量表

(单位:%)

序号	矿床类型	矿床名称	样品号	SiO_2	Al_2O_3	Fe_2O_3	FeO	CaO	MgO	K_2O	Na_2O	TiO_2	P_2O_5	MnO	LOI
1	高硫型低温热液金矿	马塔比矿床	HQ-105-2	69.59	15.38	1.75	2.45	0.66	2.32	1.78	0.03	0.44	0.02	0.11	6.38
2			HQ-106	53.60	16.78	4.97	2.99	6.75	4.39	0.74	3.75	1.09	0.16	0.14	4.79
3			HQ-110	60.41	15.75	2.19	4.44	5.19	3.61	1.81	3.10	0.51	0.10	0.17	2.70
4	低硫型低温热液金矿	勐邦矿床	HQ-113	57.97	14.32	2.82	3.28	3.14	3.80	9.07	0.46	0.55	0.10	0.13	3.22
5			HQ-3	76.70	8.50	3.16	0.61	0.32	0.63	6.63	0.10	0.28	0.13	0.13	2.95
6	斑岩型铜矿	唐塞矿床	HQ-103	61.72	16.72	2.56	3.54	5.33	2.36	1.66	3.22	0.40	0.14	0.09	1.76
7			TGB-4	68.50	14.90	3.43	0.00	3.44	2.23	1.21	3.10	0.36	0.09	0.04	1.30
8			TGB-5	60.30	17.00	5.07	0.00	5.85	4.38	1.00	2.55	0.46	0.08	0.10	2.02
9	矽卡岩型铜矿	苏利特河矿床	H(DA022)-1	28.50	5.30	33.05	3.20	21.26	1.04	0.04	0.02	0.22	0.08	0.96	2.55
10			H(DA023)-1	28.13	7.63	6.40	2.16	33.04	4.36	0.05	0.05	0.27	0.99	0.25	7.82
11			H(DA023)-2	57.49	6.03	1.41	2.06	27.45	1.66	0.03	0.03	0.18	0.07	0.46	2.51
12	花岗岩型锡矿	邦加岛矿床	HQ-119	78.87	11.17	0.17	4.52	0.55	0.04	2.40	0.08	0.03	0.01	0.16	1.75
13			HQ-120	74.60	12.08	0.47	1.92	0.24	0.04	4.48	3.68	0.02	0.01	0.03	0.60

注:TGB-4,TGB-5 数据来自 van Leeuwen(1987)。

的特征。而与锡矿有关的花岗岩主要为 S 型花岗岩,其主量元素表现为富 SiO_2、富 K_2O、贫 Al_2O_3 的特征。

从主量元素的 SiO_2-K_2O 图解上可见(图 4-1),马塔比金矿的英安岩和唐塞铜矿的花岗斑岩都落入了钙碱性岩浆系列。

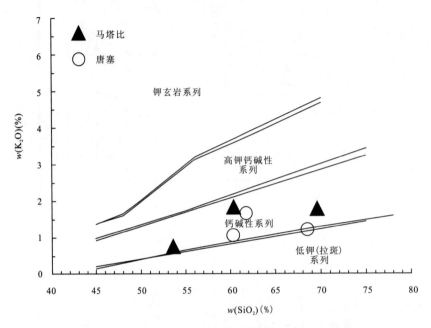

图 4-1 马塔比矿床与唐塞矿床岩浆岩 SiO_2-K_2O 图解

4.1.2 微量元素特征

表 4-3 所示为苏门答腊岛主要矿床的主要成矿微量元素含量,对各矿床的成矿元素求得平均数后作图。图 4-2 中可见,Cu 含量以苏利特河铜矿的含量最高,Mo 含量以唐塞斑岩型矿床含量最高,勒邦金矿、马塔比金矿的 Au 和 As 含量都相对更高,而唐塞与其他矿床相比明显亏损 Pb、Zn、As、Ag 等成矿元素,邦加岛花岗岩型锡矿的 Sn、Pb、Zn 含量都相对较高。造成这一结果的主要原因是:与邦加岛锡矿相关的 S 型花岗岩为大陆地壳环境,其物质组成、热源和物理化学条件及动力学机制与唐塞、马塔比、勒邦等矿床火山岛弧作用的岩石构造环境大为迥异。经过壳幔分异和长期地壳演化,S 型花岗岩相对富集 REE、Sn、Pb、W 等元素。

表 4-4 所示为苏门答腊岛主要矿床的稀土元素含量及特征参数值,从表中结果可知,各类矿床的稀土元素配分模式有所不同,将各类矿床的稀土元素进行球粒陨石标准化后作蛛网图,如图 4-3 所示。从图中可以明显地判断出,研究区的两个典型金矿的稀土元素都为轻稀土富集的右倾模式,它们的 LREE/HREE 平均值为 2.29,铕为轻微负异常,δEu 平均为 0.97;研究区的两个典型铜矿的稀土元素也是轻稀土富集的右倾模式,但其 LREE/HREE 平均值更高为 3.48,铕也更为亏损,δEu 平均为 0.88;而锡矿的稀土元素则为重稀土富集轻稀土亏损,且铕负异常更大,其稀土分布为海燕式,其 LREE/HREE 平均值为 0.85,δEu 平均为 0.07。从研究区各矿床的稀土元素特点可以看出,总体上分布模式都体现为铕负异常,表明岩浆经过了一定程度的分离结晶过程,而锡矿分布特征也与 S 型花岗岩的特征一致。

表 4-3 苏门答腊岛主要矿床赋矿围岩微量元素含量表

(单位:Au 为 10^{-9},其他 10^{-6})

矿床	样品号	岩性	Cu	Pb	Zn	Mo	As	Sn	Ag	Au
马塔比矿床	HQ-104-1	含黄铁矿硅化角砾岩	167.00	1360.00	11.40	7.00	591.00	4.43	25.10	2650.00
	HQ-104-2	气孔状含黄铁矿硅质岩	93.90	187.00	11.40	5.05	490.00	2.36	25.30	1300.00
	HQ-104-3	团块状黄铁矿	57.20	11.00	84.40	0.81	11.20	2.62	0.63	79.30
	HQ-105-2	风化英安岩	10.50	8.26	80.40	0.41	4.06	1.55	0.27	6.70
	HQ-106	玄武质安山岩	122.00	5.88	74.10	0.89	2.89	2.26	0.14	2.92
	HQ-107	含黄铁矿安山岩	35.60	536.00	5.36	0.46	653.00	1.61	7.35	112.00
	HQ-110	角闪安山岩	32.00	7.20	59.30	1.16	3.66	1.63	0.07	2.26
	HQ-111	角砾岩	18.30	5.71	30.60	1.14	56.50	1.51	28.30	498.00
	HQ-112	石英脉	19.40	2.74	4.38	5.09	4.64	1.72	5.82	1220.00
	HQ-113	安山岩	39.60	6.43	56.60	0.60	156.00	1.61	0.52	31.60
勒邦矿床	HQ-114-1	含黄铁矿硅化角砾岩	8.58	3.12	9.34	0.68	3.75	1.51	13.20	1340.00
	HQ-114-2	褐铁矿化硅化角砾岩	16.90	4.26	7.68	2.71	6.16	1.88	0.47	66.80
	HQ-115	石英闪长斑岩	17.80	7.36	45.50	1.68	73.10	2.18	1.72	89.70
	HQ-116	含黄铁矿角砾岩(矿石)	14.80	7.34	34.10	1.34	45.50	2.46	0.45	21.10
	HQ-3	矿化石英脉	106.00	14.10	2460.00	9.82	202.00	1.22	35.60	2770.00
唐塞矿床	HQ-101	含黄铁矿硅质岩	40.40	3.58	26.60	7.05	3.40	3.42	0.29	3.09
	HQ-102	气孔状含黄铁矿硅化角砾岩	232.00	2.88	14.00	4.02	2.35	3.10	0.08	1.66
	HQ-103	石英闪长斑岩	12.40	7.00	50.30	1.64	2.32	1.53	0.12	4.44
苏利特河矿床	H(DA022)-1	石榴石矽卡岩	34500.00	34.20	108.00	2.64	732.00	20.80	177.00	950.00
	H(DA023)-1	透辉石矽卡岩	17320.00	96.30	207.00	0.92	59025.00	1.76	70.60	552.00
	H(DA023)-2	斑铜矿化矽卡岩	1810.00	12.10	104.00	1.02	664.00	2.05	20.00	163.00
邦加矿床	HQ-119	花岗岩	967.00	206.00	6760.00	2.11	128.00	231.00	11.20	1.60
	HQ-120	花岗岩	1140.00	22.00	460.00	0.97	6.68	21800.00	2.64	1.85

表 4-4 苏门答腊岛主要矿床赋矿围岩稀土元素含量表及特征参数

(单位：10^{-6})

矿床	样品号	La	Ce	Pr	Nd	Sm	Eu	Gd	Tb	Dy	Ho	Er	Tm	Yb	Lu	Y	LREE/HREE	δEu
唐塞矿床	HQ-103	12.20	22.10	2.91	11.80	2.39	0.84	2.26	0.37	2.35	0.50	1.35	0.21	1.40	0.18	11.90	2.55	1.09
苏利特河矿床	H(DA022)-1	18.80	22.40	2.92	12.50	2.71	0.59	2.02	0.33	2.09	0.38	1.30	0.15	1.22	0.16	13.00	2.90	0.74
	H(DA023)-1	13.00	17.60	2.36	10.70	2.38	0.52	1.84	0.28	1.76	0.32	1.01	0.13	1.03	0.12	9.53	2.91	0.74
	H(DA023)-2	20.30	24.40	2.37	9.04	1.94	0.51	1.19	0.19	1.16	0.19	0.64	0.07	0.59	0.07	6.42	5.57	0.96
	HQ-105-2	14.30	23.60	2.85	10.90	2.30	0.86	2.41	0.42	2.82	0.61	1.83	0.32	2.25	0.34	15.90	2.04	1.11
马塔比矿床	HQ-106	8.89	19.40	2.94	13.90	3.91	1.12	4.01	0.78	5.40	1.16	3.28	0.55	3.67	0.53	27.60	1.07	0.86
	HQ-110	14.20	24.90	3.04	12.20	2.63	0.84	2.50	0.44	2.84	0.60	1.72	0.29	2.04	0.30	14.80	2.26	0.99
	HQ-105-2	20.10	35.30	4.35	16.80	3.45	0.76	3.05	0.52	3.23	0.66	1.93	0.33	2.33	0.34	15.90	2.85	0.70
勒邦矿床	HQ-3	7.31	14.50	1.48	5.71	1.20	0.42	1.06	0.19	1.17	0.24	0.65	0.11	0.76	0.11	5.62	3.09	1.11
	HQ-113	11.60	20.80	2.64	10.70	2.36	0.78	2.20	0.38	2.36	0.48	1.36	0.22	1.46	0.21	11.60	2.41	1.03
邦加岛矿床	HQ-119	44.20	95.80	14.40	53.40	18.70	0.19	17.90	4.42	32.20	6.58	19.20	3.44	23.40	3.00	166.00	0.82	0.03
	HQ-120	117.00	214.00	40.40	146.00	46.30	1.61	41.60	10.10	68.20	13.00	35.60	5.95	37.60	4.61	334.00	1.03	0.11
	HQ-118	68.80	153.00	21.90	77.80	23.20	0.63	22.80	6.06	47.90	10.50	31.40	5.61	38.60	5.03	324.00	0.70	0.08

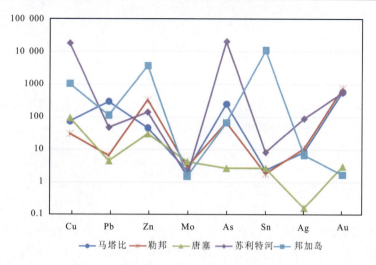

图 4-2 各矿床主要成矿元素平均含量对比图

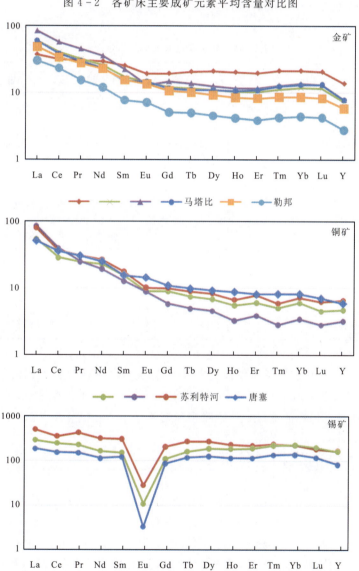

图 4-3 典型矿床赋矿岩石稀土元素球粒陨石标准化蛛网图

4.2 流体包裹体特征及流体性质

研究区的主要金矿类型为低温热液型金矿床,非常适合进行流体包裹体研究,本次研究选取了马塔比金矿和勒邦金矿分别作为高硫型和低硫型低温热液矿床的代表,对其分别进行流体包裹体测试和研究。

4.2.1 样品采集、处理和测试

在印尼苏门答腊岛野外工作期间,项目组采集了马塔比金矿和勒邦金矿的几十件含金石英脉及矿化角砾岩等样品,回国后在岩矿鉴定的基础上,选择了有代表性的样品进行测定,样品岩性见表4-5。然后把目标样品磨制成0.07～0.08mm的包裹体测温片。

表4-5 各矿床包裹体样品岩性表

序号	矿床	野外编号	岩性
1	马塔比金矿	b-214-1	硅化角砾岩
2		b-214-2	气孔状硅质岩
3		b-215	蚀变安山岩
4	勒邦金矿	b-227	硅化角砾岩
5		b-232	显微粒状石英脉
6		b-233	角砾岩
7		b-234	重结晶粉砂岩
8		b-235	显微粒状石英脉

测试在国土资源部中南矿产资源监督检测中心进行,完成了流体包裹体岩相学、均一冷冻法测温研究及其他分析。包裹体测温用仪器为Linkan THMS-600-196地质型冷热台,对石英中的流体包裹体进行了鉴定和测定,并对岩相特征进行了观察照相和描述。

4.2.2 流体包裹体的岩相学特征

包裹体类型多为单相盐水溶液包裹体和两相盐水溶液包裹体;包裹体大小为2～25μm,以5～15μm为主,少数有20～30μm;气液比在10%～30%之间;包裹体在主晶中多呈小群状、自由状分布,部分沿显微裂隙呈线状或串状分布,部分呈定向分布;形态为米粒状、椭圆形、负晶形或半自形负晶形、多边形、长方形、矩形和不规则状(表4-6),通过对测温片进行显微镜下的观察,按照其室温下的相态特征,包裹体主要类型有5种(图4-4)。

各样品中各类包裹体所占比例见表4-7。

4 成矿地球化学特征

表 4-6 各类包裹体类型及形态

包裹体类型	包裹体形态
L_{H_2O}	米粒状、椭圆形、多边形、不规则状
V_{H_2O}	米粒状、椭圆形
$L_{H_2O}+V_{H_2O}$	椭圆形、半自形负晶形、长方形、多边形、负晶形、四方形、矩形
$L_{H_2O}+V_{CO_2}$	椭圆形、半自形负晶形、负晶形
$L_{H_2O}+V_{H_2O}+C_{玻璃}+S_{子矿物}$	椭圆形、负晶形、圆形

注：L 代表液相，V 代表气相，S 代表固体，$C_{玻璃}$ 代表玻璃质，后文同。

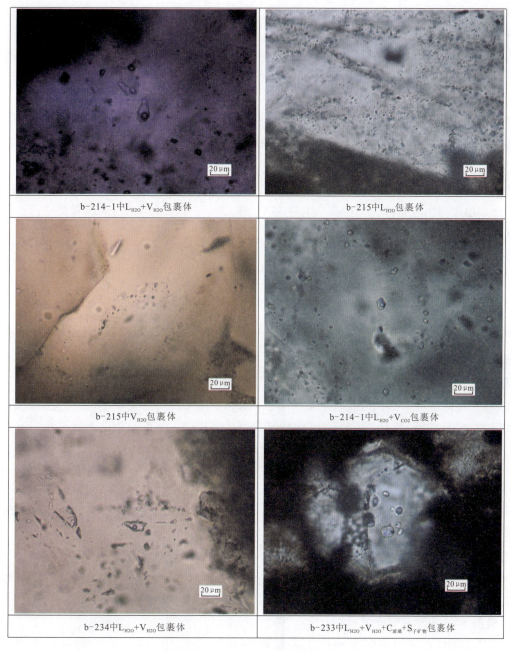

图 4-4 各类包裹体显微镜下照片

表 4-7 各测温片中各类包裹体所占比例　　　　　　　　　　（单位:%）

样品号	L_{H_2O}	V_{H_2O}	$L_{H_2O}+V_{H_2O}$	$L_{H_2O}+V_{CO_2}$	$L_{H_2O}+V_{H_2O}+C_{玻璃}+S_{子矿物}$
b-214-1	25		70	5	
b-214-2	45	5	50		
b-215	70	5	25		
b-227	45		55		
b-232	40		60		
b-233	25	4	70		1
b-234	29		70		1
b-235	39		60		1

4.2.3 流体性质

在马塔比矿床采集的样品 b-214-1 中,观察到含流体包裹体的石英呈细脉或围绕角砾分布,这种石英较透明。其中流体包裹体主要为两相盐水溶液包裹体,属于 $NaCl-H_2O$ 体系,仅有 5% 的气液两相包裹体初熔温度为 +57℃,属于 $NaCl-H_2O-CO_2$ 体系。b-214-2 和 b-215 样品中的包裹体则全部为 $NaCl-H_2O$ 体系。

勒邦矿床中采集的所有样品中的流体包裹体均为 $NaCl-H_2O$ 体系。

4.2.4 流体包裹体温度、盐度和密度

本次共测定了 8 件测温片,获得温度参数近 400 个,通过相应的计算和分析,获得了各样品的主要盐度和密度参数(表 4-8)。

1. 均一温度

从表 4-8 和图 4-5 可以看出:马塔比金矿床石英中的流体包裹体均一温度呈现出两个峰值,即 190～210℃ 和 370～390℃。由于金的析出温度较低,可见 370～390℃ 为早期的岩浆热液活动,而 190～210℃ 则为岩浆期后热液的温度范围,应该可以代表马塔比矿床的形成温度。

而勒邦矿床石英中的流体包裹体均一温度整体呈现出两大峰值(图 4-6),分别是 180～250℃ 和 350～370℃,其高温峰值可能代表了与成矿关系不大的岩浆热液的活动温度,而低温峰值还可细分为 180～200℃、210～250℃ 两个亚类。结合野外观察,勒邦金矿石英脉具有多期交切的特征,这两个均一温度峰值应该代表了其两次成矿热液活动的温度。

2. 盐度和密度

根据表 4-8 中所示的各石英中包裹体的温度,可以计算获得相应的盐度和密度值。表中可见,马塔比矿床流体包裹体盐度值(w_{NaCl}/%)最低为 0.40,最高为 3.00,平均值为 1.53;密度值(g/cm³)最低为 0.767,最高为 0.900,平均值为 0.847。

勒邦矿床的流体包裹体盐度值(w_{NaCl}/%)最低为 0.70,最高为 2.07,平均值为 1.22;密度值(g/cm³)最低为 0.823,最高为 0.909,平均为 0.859。

4 成矿地球化学特征

表 4-8 流体包裹体均一温度-盐度-密度-压力-深度表

样品编号	矿物	均一温度 Th(℃)		盐度 w_{NaCl}(%)		密度 (g/cm³)		压力 P(10^5Pa)		深度 H(km)	
		范围	平均值	范围	平均值	范围	平均值	范围	平均值	范围	平均值
b-214-1	石英	180~198	189.0	1.74~0.88	1.310	0.900~0.878	0.8890	435~463	449.0	1.45~1.54	1.495
		339~390	364.5	1.40~0.88	1.140						
b-214-2		380~390	385.0	1.05~0.88	0.965			200~280	240.0	0.66~0.93	0.795
		370~380	375.0	2.62~3.00	2.810						
b-215	石英	190~230	210.0	0.40~1.57	0.985	0.879~0.84	0.8595	324~538	431.0	1.08~1.79	1.395
	石英	275~348	311.5	1.57~2.07	1.820	0.767~0.750	0.7585	667~702	684.5	2.22~2.34	2.280
b-227	石英	180~210	195.0	1.40~2.07	1.735	0.889~0.870	0.8795	453~520	486.5	1.51~1.73	1.620
b-232	石英	180~220	200.0	1.74~0.88	1.310	0.900~0.870	0.8850	435~532	483.5	1.45~1.77	1.610
	石英	135~230	182.5	1.40~2.07	1.735	0.889~0.845	0.8670	453~529	491.0	1.51~1.76	1.635
b-233	石英	165~176	170.5	0.70~0.88	0.790	0.906~0.896	0.9010	355~358	356.5	1.18~1.19	1.185
	石英	208~240	224.0	0.88~1.23	1.055	0.861~0.824	0.8425	444~549	496.5	1.48~1.83	1.655
		330~385	357.5	0.88~1.74	1.310			747~896	821.5	2.49~2.98	2.735
b-234	石英	170~195	182.5	0.71~0.88	0.795	0.896~0.876	0.8660	356~416	386.0	1.18~1.39	1.285
		205~277	241.0	0.88~1.23	1.055	0.866~0.768	0.8170	437~633	535.0	1.46~2.11	1.785
		330~350	340.0	1.40~1.74	1.570			798~819	808.5	2.66~2.73	2.695
		240~250	245.0	1.05~1.23	1.140	0.823~0.819	0.8210	532~555	543.5	1.77~1.85	1.810
b-235	石英	165~230	197.5	0.88~2.07	1.475	0.909~0.835	0.8720	352~653	502.5	1.17~2.17	1.670

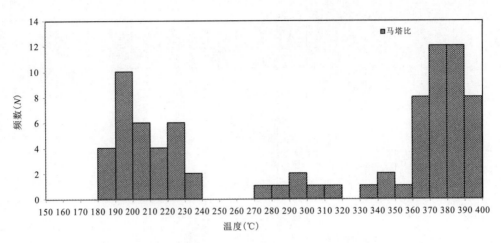

图 4-5 马塔比矿床流体包裹体均一温度频数柱状图

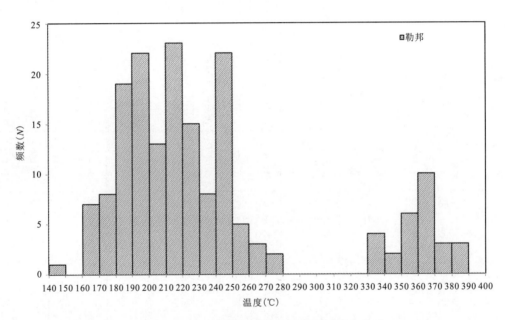

图 4-6 勒邦矿床流体包裹体均一温度频数柱状图

马塔比矿床与勒邦矿床相比,前者的流体包裹体盐度更高,而二者密度较为接近,反映了其成矿体系的差异。

3. 压力和深度

马塔比矿床的流体包裹体计算压力值最低为 $200\times10^5\,Pa$,最高为 $702\times10^5\,Pa$,平均值为 $458\times10^5\,Pa$;深度最低为 $0.66\,km$,最高为 $2.34\,km$,平均值为 $1.52\,km$。

勒邦矿床的流体包裹体计算压力值最低为 $352\times10^5\,Pa$,最高为 $896\times10^5\,Pa$,平均值为 $542\times10^5\,Pa$;深度(km)最低为 $1.17\times10^5\,Pa$,最高为 $2.98\times10^5\,Pa$,平均值为 $1.81\times10^5\,Pa$。

马塔比矿床与勒邦矿床相比,前者压力相对更低,深度也更浅,与其成矿模式和赋矿层位均有关系。

总体而言,研究区内的热液型金矿的成矿温度相对较低,集中在 $180\sim210\,℃$,盐度、密度也相对较低,成矿压力平均为 $500\times10^5\,Pa$,成矿深度平均为 $1.66\,km$。

4.3 稳定同位素地球化学特征

4.3.1 氧同位素

项目组在野外工作中采集了勒邦金矿床和邦加锡矿床的共近 10 件矿化石英脉样品,采样时多采取原位打样,或尽量拣取新鲜样品。回国后,经过室内破碎、过筛、淘洗、烘干后,在双目镜下挑选出 99% 以上纯度的石英颗粒;最终,选出勒邦金矿 3 件样品和邦加锡矿 1 件样品,送核工业地质研究所进行氧同位素测试。

氧同位素质谱分析采用五氟化溴法。首先,在真空条件下从 20mg 样品中提取 O_2,然后将得到的 O_2 与热碳棒反应转换为 CO_2;再将收集到的 CO_2 在测试仪器 MAT 253 上测定 $^{18}O/^{16}O$ 同位素比值,其结果换算为 $\delta^{18}O_{V-SMOW}$。氢同位素采用锌还原法测定,首先使用压碎法把水从流体包裹体中释放,然后在 400℃ 条件下使水与锌反应产生氢气,再用液氮冷冻后,收集到有活性炭的样品瓶中。测试精度为 ±2‰。

最终测试结果见表 4-9。

表 4-9 石英氧同位素数据

矿床	岩性	样品号	$\delta^{18}O_{V-PDB}$(‰)	$\delta^{18}O_{V-SMOW}$(‰)	δD_{V-SMOW}(‰)
勒邦金矿	石英脉	TW-10	-21.8	8.4	-78.9
	石英脉	TW-16	-23.9	6.3	-80.2
	石英脉	TW-17	-23.4	6.8	-78.4
邦加锡矿	石英脉	TW-21	-22.5	7.8	-71.0

数据显示,勒邦金矿的氢同位素组成 δD_{V-SMOW} 值为 -78.4‰~-80.2‰,氧同位素组成 $\delta^{18}O_{V-SMOW}$ 数据为 6.3‰~8.4‰。在石英 $\delta^{18}O$-δD 的关系图上(图 4-7),投影点位于岩浆水的范围。邦加锡矿的氢同位素组成 δD_{V-SMOW} 值为 -71.0‰,氧同位素 $\delta^{18}O_{V-SMOW}$ 数据为 7.8‰,投影也位于岩浆水的范围。据此综合分析认为,勒邦金矿与邦加锡矿的成矿热液的来源主要是岩浆水。

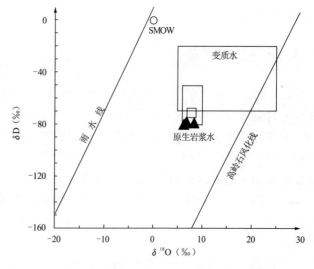

图 4-7 苏门答腊岛勒邦矿床与邦加矿床氢氧同位素图解

4.3.2 硫同位素

世界上以黄铁矿作为载金矿物的金矿床占 85%。对苏门答腊岛的各典型矿床进行分析后发现,各类矿床的矿物组合中都具有大量的黄铁矿,作为主要的硫化物,其平均的 $\delta^{34}S$ 值可以近似代表成矿溶液总硫的同位素组成。

从表 4-10 中可知,各矿床的硫同位素的组成有所不同。

表 4-10 不同矿床黄铁矿硫同位素

矿床	岩性	样品号	$\delta^{34}S_{CDT}$(‰)
唐塞铜矿	花岗斑岩	TW-1	3.48
马塔比金矿	硅化角砾岩	TW-3-1	1.61
		TW-3-2	1.51
		TW-3-3	3.3
	含黄铁矿团安山岩	TW-6-1	0.35
		TW-6-2	0.39
勒邦金矿	含黄铁矿重结晶粉砂岩	TW-15	4.8

其中,勒邦金矿的黄铁矿的硫同位素 $\delta^{34}S$ 值最高,达 4.8‰,唐塞铜矿次之,$\delta^{34}S$ 为 3.48‰,而马塔比金矿最低,其安山岩中黄铁矿 $\delta^{34}S$ 值低至 0.35‰,远低于地壳平均值($\delta^{34}S=3.6$‰),有陨石硫的特点,证明其成矿物质来源更深。

研究表明,当 f_{O_2} 较低时,流体中的硫主要以 HS^-、S^{2-} 存在,所沉淀的黄铁矿 $\delta^{34}S$ 值与整个流体的 $\delta^{34}S$ 相近。考虑到马塔比、勒邦以及唐塞 3 个矿区范围内未发现石膏等反映高氧逸度氧化环境的热液矿物,暗示这些矿床成矿时为弱的还原环境,即所测硫化物的 $\delta^{34}S$ 值可以视作整个流体系统的 $\delta^{34}S$ 值。

对于马塔比矿床,安山岩中黄铁矿的硫同位素 $\delta^{34}S$ 值接近 0,代表了其成矿物质主要来自于地幔,而硅化角砾岩中的黄铁矿硫同位素 $\delta^{34}S$ 值略微升高,预示了其成矿流体受到了地壳物质的混染,也从侧面反映了其成矿顺序晚于安山岩。

勒邦矿床的硫同位素值显示了其更富集重硫的特征,预示了其在成矿过程中受到了各类岩石的混染,导致多种硫源相互混合。

唐塞铜矿的硫同位素特征与斑岩型铜矿的 $\delta^{34}S$ 值范围相符(-5.3‰~+5.5‰),同时也再次说明了成矿物质主要来自岩浆。

4.3.3 铅同位素

铅同位素在模式年龄定年、推测成矿物质来源及成矿作用过程等成因研究中具有重要的意义。本次研究对采自马塔比矿床和勒邦矿床 3 件岩石样品中的黄铁矿进行了铅同位素的测试,结果见表 4-11。马塔比金矿床和勒邦金矿床的黄铁矿铅同位素组成为:$^{206}Pb/^{204}Pb$ 值范围为 18.501~18.603,$^{207}Pb/^{204}Pb$ 值范围为 15.557~15.585,$^{208}Pb/^{204}Pb$ 值范围为 38.528~38.700;μ 值为 9.37~9.42,明显高于正常铅 μ 值范围 8.686~9.238(宜昌地质矿产研究所,1979);Th/U 值为 3.69~3.76,介于地幔值(3.45)与地壳值(4)之间。总体上,黄铁矿的铅同位素组成变化范围幅度很小,相对富集放射成因铅,说明了源区富 ^{238}U、^{232}Th,暗示了马塔比金矿床和勒邦金矿床成矿物质源区具有相对稳定、成熟度较高的特点。

为了进一步确定矿床的矿石铅源区,可将其铅同位素进行 Zartman 投图(图 4-8),从图上可以看出,两个金矿床的样品主要位于造山带区域附近;在 $\Delta\beta-\Delta\gamma$ 成因分类图解上(图 4-9),样品主要落入与岩浆作用相关的上地壳与地幔混合铅的范围内,说明了两个金矿的成矿物质具有壳幔相互作用的特征。

4 成矿地球化学特征

表 4-11 黄铁矿铅同位素分析结果

矿床	样号	$^{206}Pb/^{204}Pb$	$^{207}Pb/^{204}Pb$	$^{208}Pb/^{204}Pb$	μ 值	Th/U	$\Delta\beta$	$\Delta\gamma$
马塔比金矿	TW-3-3	18.501	15.557	38.627	9.37	3.76	14.81	30.88
	TW-6	18.557	15.559	38.528	9.37	3.69	14.94	28.24
勒邦金矿	TW-15	18.603	15.585	38.700	9.42	3.74	16.63	32.83

注:μ 值 $=^{238}U/^{204}Pb$,是通过铅同位素的测定结果带入衰变常数之后计算出来的数值,计算 μ 值所用常数 $\lambda_{238}=1.55125\times10^{-10}/a$,$\lambda_{238}$ 代表 ^{238}U 衰变到 ^{206}Pb 的衰变常数,后面的 a 代表年;$\Delta\beta=(\beta-\beta_M)/\beta_M\times1000$;$\Delta\gamma=(\gamma-\gamma_M)/\gamma_M\times1000$;$\gamma=^{208}Pb/^{204}Pb$,$\beta=^{207}Pb/^{204}Pb$,$\beta_M=15.33$,$\gamma_M=37.47$ 分别代表地幔中铅同位素($^{207}Pb/^{204}Pb$ 和 $^{208}Pb/^{204}Pb$)的标准值;$\Delta\beta$ 和 $\Delta\gamma$ 分别代表矿物中的铅同位素($^{207}Pb/^{204}Pb$ 和 $^{208}Pb/^{204}Pb$)与同时代地幔值的相对偏差。

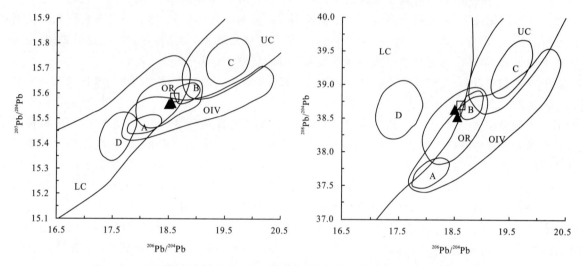

图 4-8 苏门答腊岛热液型金矿床铅同位素模式图(底图据 Zartman,Doe,1981)
LC.下地壳;UC.上地壳;OIV.洋岛火山岩;OR.造山带;A、B、C、D 分别为各区域中样品相对集中区

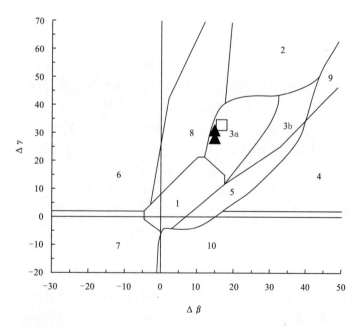

图 4-9 苏门答腊岛热液型金矿床铅同位素 $\Delta\beta$-$\Delta\gamma$ 成因分类图解(底图据朱炳泉,1998)
1.地幔源铅;2.上地壳铅;3.上地壳与地幔混合的俯冲带铅(3a.岩浆作用;3b.沉积作用);4.化学沉积型铅;
5.海底热水作用铅;6.中深变质作用铅;7.深变质下地壳铅;8.造山带铅;9.古老页岩上地壳铅;10.退变质铅

4.4 成矿年龄探讨

为了研究苏门答腊岛典型矿床的成矿年龄,本次研究选择了唐塞铜矿、马塔比金矿和勒邦金矿3个矿床的岩浆岩进行了同位素定年测试。样品采集主要挑选新鲜的岩石,进行原位采样。为了从岩石中挑选足够的锆石,中性岩至少需要采集10kg以上的样品,花岗岩等酸性岩至少要采集5kg以上的样品。

样品在我国国内进行处理,首先对其进行机械粉碎(以不破坏锆石晶体形态为标准),然后进行淘洗,经重力分选、磁选后,将碎屑置于双目镜下,最后挑选出晶形完好的、没有包裹体的锆石颗粒。

锆石样品制靶过程:首先将待测锆石晶体颗粒用双面胶粘在载玻片上,然后将环氧树脂和固化剂进行充分混合后注入PVC环中,待树脂充分固化后将样品座从载玻片上剥离,并对其进行抛光,磨至约一半使锆石内部暴露,样品测定之前用酒精轻擦表面,去除可能的污染。

阴极发光和锆石U-Pb同位素组成LA-ICP-MS分析均在西北大学大陆动力学国家重点实验室完成。阴极发光在美国Gatan公司生产的阴极荧光光谱仪(型号Mono CL3+)上进行,设定场发射环境扫描电子显微镜高压(HV)为10kV,电流值(SP)=5nA,工作距离为810mm。锆石U-Pb同位素组成分析在激光剥蚀电感耦合等离子体质谱(LA-ICP-MS)仪上完成。激光-电感耦合等离子质谱仪(LA-ICP-MS)中:ICP-MS为美国Agilent公司生产的Agilent7500a,该仪器独有的屏蔽炬(Shield Torch)可明显提高分析灵敏度(^{238}U在激光斑束直径为40μm时为4500cps/ppm),激光器为德国Lambda Physik公司的ComPex102,光学系统为MicroLas公司的GeoLas200M。分析采用激光剥蚀孔径30μm,剥蚀深度20~40μm,激光脉冲为10Hz,能量为32~36mJ。用国际标准锆石91500进行外标校正,每隔5个样品分析点测1次标准锆石91500外标标准物质,以保证标准和样品的仪器条件完全一致。

将锆石样品和标准锆石91500及人工合成的硅酸盐玻璃NIST SRM 610分别粘在双面胶上,然后用无色透明的环氧树脂固定,待环氧树脂充分固化后抛光至样品露出一个平面。样品测定之前用3%(V/V)的HNO_3清洗样品表面,以除去样品表面的污染。

采样方式为单点剥蚀,采用He作为剥蚀物质的载气。由于采用高纯度的Ar气和He气,^{204}Pb和^{202}Hg的背景均小于100cps。数据采集选用一个质量峰一点的跳峰方式(peak jumping),单点停留时间(dwell time)分别设定20ms(^{204}Pb、^{206}Pb、^{207}Pb和^{208}Pb)和10ms(Th和U)。每测定6个样品点测定一个标准锆石91500和一个NIST 610。每个样品点的气体背景采集时间为30s,信号采集时间为40s。数据处理采用GLITTER(ver 4.0, Macquarie University)程序,并应用Andersen的^{207}Pb/^{206}Pb、^{207}Pb/^{235}U、^{206}Pb/^{238}U和^{208}Pb/^{232}Th综合方法进行同位素比值的校正,以扣除普通铅的影响(Andersen,2002)。年龄计算时以标准锆石91500作为外标,元素含量计算时以NIST SRM 610为外标,Si作为内标。各样品的加权平均年龄计算及谐和图的绘制采用Isoplot(ver2.49)。LA-ICP-MS分析的详细方法和流程见袁洪林等(2003)文献内容,U、Th、Pb含量分析见Gao等(2002)的文献内容。

用于测年的锆石样品TW-2、TW-4、TW-11来自的岩性及其特征见表4-12,阴极发光显示,锆石以自形柱状晶体为主,颗粒长100~200μm,宽50~80μm,边界清晰、平直,柱面发育(图4-10)。锆石内部结果大多不均一,具有核幔结构和清晰的生长环,表明其岩浆锆石的特征。

剔除不谐和年龄数据后,唐塞矿床花岗斑岩的年龄数据都落在谐和线上及其附近,其表观年龄介于12.6~6.4Ma,^{206}Pb/^{238}U加权平均年龄为9.41±0.37Ma($n=28$,MSWD=1.8),其年龄谐和图见图4-11。

马塔比矿床英安岩的年龄数据同样落在谐和线上及其附近,其表观年龄介于5.7~3.1Ma,^{206}Pb/^{238}U加权平均年龄为4.42±0.17Ma($n=27$,MSWD=1.2),其年龄谐和图见图4-12。

表 4-12 苏门答腊岛典型矿床锆石定年结果

序号	矿床	样品编号	岩性	描述	年龄(Ma)
1	唐塞铜矿	TW-2	花岗斑岩	锆石颗粒较大,环带明显	9.41±0.37
2	马塔比金矿	TW-4	英安岩	锆石颗粒较大,均匀,环带明显	4.42±0.17
3	勒邦金矿	TW-11	安山岩	锆石颗粒大,均匀,环带明显	0.874±0.068

TW-2　　　　　　　　　　TW-4　　　　　　　　　　TW-11

图 4-10　锆石阴极发光照片

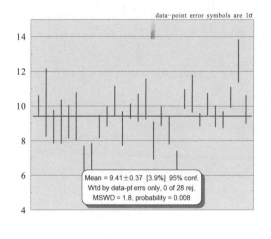
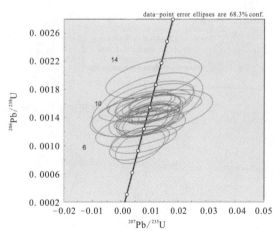

图 4-11　唐塞矿床花岗斑岩锆石 U-Pb 同位素年龄谐和图

剔除不谐和年龄数据后,勒邦矿床安山岩的年龄数据也落在谐和线上及其附近,其表观年龄介于 1.2~0.6Ma,$^{206}Pb/^{238}U$ 加权平均年龄为 0.874±0.068Ma(n=18,MSWD=0.70),其年龄谐和图见图 4-13。

3个矿床的锆石样品的 U-Pb 同位素分析结果见表4-13至表4-15。从本次研究获得的苏门答腊岛3个矿床的锆石同位素年龄数据可知，唐塞斑岩型铜矿床的成矿时间晚于 9.41 ± 0.37Ma，为晚中新世；马塔比高硫型低温热液金矿床的成矿时间晚于 4.42 ± 0.17Ma，为上新世晚期；勒邦低硫型低温热液金矿床的成矿时间晚于 0.874 ± 0.068Ma，为早更新世。它们都属于更新世巽他-班达岩浆弧活动的影响范围。

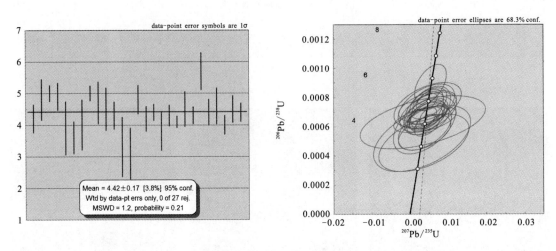

图4-12 马塔比矿床英安岩锆石 U-Pb 同位素年龄谐和图

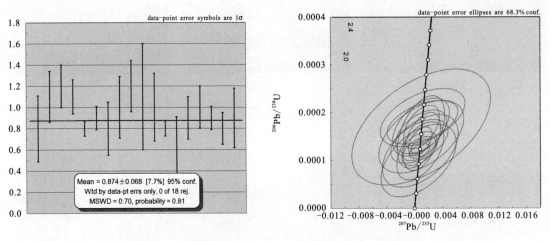

图4-13 勒邦矿床安山岩锆石 U-Pb 同位素年龄谐和图

4 成矿地球化学特征

表 4-13 唐塞矿床岩浆岩锆石 U-Pb 同位素 LA-ICP-MS 测试结果

测点号	同位素比值								同位素年龄 (Ma)					
	$^{207}Pb/^{206}Pb$	1σ	$^{207}Pb/^{235}U$	1σ	$^{206}Pb/^{238}U$	1σ	$^{207}Pb/^{206}Pb$	1σ	$^{207}Pb/^{235}U$	1σ	$^{206}Pb/^{238}U$	1σ
TW2-01	0.048 52	0.038 40	0.010 41	0.008 21	0.001 56	0.000 10	124.5	1234.2	10.5	8.3	10.0	0.6
TW2-02	0.042 44	0.059 82	0.009 23	0.012 89	0.001 58	0.000 30	0.1	1665.5	9.3	13.0	10.2	2.0
TW2-04	0.052 67	0.038 56	0.009 88	0.007 15	0.001 36	0.000 15	314.6	1136.8	10.0	7.2	8.8	1.0
TW2-05	0.044 34	0.044 43	0.008 66	0.008 58	0.001 42	0.000 20	0.1	1399.0	8.8	8.6	9.1	1.3
TW2-06	0.047 51	0.038 00	0.009 26	0.007 34	0.001 41	0.000 15	74.3	1252.7	9.4	7.4	9.1	1.0
TW2-07	0.053 13	0.071 18	0.010 66	0.014 19	0.001 46	0.000 22	334.4	1684.6	10.8	14.3	9.4	1.4
TW2-08	0.044 33	0.048 67	0.006 35	0.007 34	0.001 04	0.000 16	0.1	1487.8	6.4	7.0	6.7	1.0
TW2-09	0.052 69	0.051 24	0.007 89	0.007 61	0.001 09	0.000 13	315.6	1380.0	8.0	7.7	7.0	0.9
TW2-10	0.051 86	0.043 47	0.009 72	0.008 11	0.001 36	0.000 10	279.0	1255.4	9.8	8.2	8.8	0.7
TW2-11	0.052 42	0.032 86	0.010 56	0.006 58	0.001 46	0.000 09	303.6	1018.0	10.7	6.6	9.4	0.6
TW2-12	0.045 66	0.043 84	0.010 06	0.009 62	0.001 60	0.000 13	0.1	1414.7	10.2	9.7	10.3	0.9
TW2-13	0.045 47	0.036 38	0.008 50	0.006 73	0.001 36	0.000 15	0.1	1241.9	8.6	6.8	8.7	1.0
TW2-14	0.051 84	0.018 10	0.010 81	0.003 73	0.001 51	0.000 07	278.4	648.2	10.9	3.8	9.7	0.4
TW2-15	0.048 28	0.056 70	0.010 26	0.012 02	0.001 54	0.000 13	113.2	1600.9	10.4	12.1	9.9	0.8
TW2-16	0.053 05	0.042 24	0.011 76	0.009 26	0.001 61	0.000 18	330.9	1203.0	11.9	9.3	10.4	1.2
TW2-18	0.040 08	0.061 45	0.006 85	0.010 46	0.001 24	0.000 17	0.1	1652.3	6.9	10.6	8.0	1.1
TW2-19	0.049 29	0.025 74	0.009 95	0.005 15	0.001 46	0.000 09	161.8	907.5	10.0	5.2	9.4	0.6
TW2-20	0.045 19	0.028 71	0.008 35	0.005 24	0.001 34	0.000 13	0.1	1038.6	8.4	5.3	8.6	0.8
TW2-21	0.048 42	0.042 66	0.006 60	0.005 72	0.000 99	0.000 16	119.8	1328.3	6.7	5.8	6.4	1.0
TW2-22	0.045 97	0.021 62	0.010 24	0.004 78	0.001 62	0.000 09	0.1	855.9	10.3	4.8	10.4	0.6
TW2-23	0.044 96	0.044 42	0.010 30	0.010 12	0.001 66	0.000 17	0.1	1412.2	10.4	10.2	10.7	1.1
TW2-24	0.040 81	0.014 61	0.008 04	0.002 85	0.001 43	0.000 06	0.1	429.0	8.1	2.9	9.2	0.4
TW2-25	0.048 65	0.031 65	0.010 52	0.006 81	0.001 57	0.000 10	131.0	1073.5	10.6	6.8	10.1	0.7
TW2-26	0.047 58	0.026 55	0.009 59	0.005 31	0.001 46	0.000 10	77.7	967.3	9.7	5.3	9.4	0.6
TW2-27	0.049 91	0.012 75	0.009 85	0.002 45	0.001 43	0.000 08	190.9	505.9	10.0	2.5	9.2	0.5
TW2-28	0.047 86	0.024 03	0.009 71	0.005 34	0.001 62	0.000 09	91.1	891.5	10.8	5.4	10.5	0.6
TW2-29	0.042 28	0.041 55	0.011 44	0.011 18	0.001 96	0.000 19	0.1	1288.4	11.5	11.2	12.6	1.2
TW2-30	0.055 26	0.029 23	0.011 65	0.006 08	0.001 53	0.000 13	422.7	881.1	11.8	6.1	9.8	0.8

表 4-14 马塔比矿床岩浆岩锆石 U-Pb 同位素 LA-ICP-MS 测试结果

测点号	同位素比值							同位素年龄 (Ma)					
	$^{207}Pb/^{206}Pb$	1σ	$^{207}Pb/^{235}U$	1σ	$^{206}Pb/^{238}U$	1σ	$^{207}Pb/^{206}Pb$	1σ	$^{207}Pb/^{235}U$	1σ	$^{206}Pb/^{238}U$	1σ
TW4-01	0.053 39	0.041 53	0.004 77	0.003 67	0.000 65	0.000 07	345.4	1181.0	4.8	3.7	4.2	0.5
TW4-02	0.045 55	0.056 37	0.004 72	0.005 81	0.000 75	0.000 10	0.1	1659.4	4.8	5.9	4.8	0.7
TW4-03	0.045 93	0.024 96	0.004 87	0.002 63	0.000 77	0.000 04	0.1	954.2	4.9	2.7	5.0	0.3
TW4-04	0.046 37	0.030 73	0.004 89	0.003 21	0.000 76	0.000 07	16.9	1107.0	4.9	3.2	4.9	0.4
TW4-05	0.046 53	0.064 85	0.003 92	0.005 40	0.000 61	0.000 13	25.0	1797.0	4.0	5.5	3.9	0.9
TW4-06	0.050 66	0.058 93	0.003 91	0.004 52	0.000 56	0.000 08	225.3	1567.3	4.0	4.6	3.6	0.5
TW4-07	0.039 17	0.125 88	0.003 38	0.010 83	0.000 63	0.000 12	0.1	2508.0	3.4	11.0	4.0	0.8
TW4-09	0.042 02	0.017 00	0.004 47	0.001 79	0.000 77	0.000 04	0.1	567.5	4.5	1.8	5.0	0.2
TW4-10	0.043 23	0.048 27	0.004 39	0.004 86	0.000 74	0.000 10	0.1	1456.8	4.4	4.9	4.7	0.7
TW4-12	0.047 08	0.042 12	0.004 58	0.004 04	0.000 71	0.000 11	53.0	1355.5	4.6	4.1	4.5	0.7
TW4-13	0.052 04	0.035 15	0.004 81	0.003 21	0.000 67	0.000 07	287.3	1077.6	4.9	3.2	4.3	0.4
TW4-14	0.044 77	0.118 31	0.003 20	0.008 39	0.000 52	0.000 15	0.1	2487.8	3.2	8.5	3.3	1.0
TW4-15	0.054 75	0.116 86	0.003 67	0.007 79	0.000 49	0.000 13	401.9	2171.5	3.7	7.9	3.1	0.8
TW4-16	0.045 57	0.048 65	0.004 68	0.004 97	0.000 74	0.000 07	0.1	1512.5	4.7	5.0	4.8	0.5
TW4-17	0.044 85	0.060 37	0.004 02	0.005 40	0.000 65	0.000 06	0.1	1717.9	4.1	5.5	4.2	0.4
TW4-18	0.048 07	0.036 95	0.004 49	0.003 44	0.000 68	0.000 04	102.8	1213.1	4.5	3.5	4.4	0.3
TW4-19	0.048 72	0.056 60	0.003 99	0.004 59	0.000 59	0.000 09	134.4	1585.4	4.0	4.6	3.8	0.6
TW4-20	0.043 75	0.033 85	0.004 00	0.003 08	0.000 66	0.000 05	0.1	1136.6	4.1	3.1	4.3	0.3
TW4-21	0.051 09	0.021 70	0.004 46	0.001 88	0.000 63	0.000 03	245.0	763.3	4.5	1.9	4.1	0.2
TW4-22	0.050 59	0.051 27	0.004 86	0.004 89	0.000 70	0.000 09	222.3	1436.1	4.9	4.9	4.5	0.6
TW4-23	0.052 29	0.016 30	0.004 83	0.001 47	0.000 67	0.000 04	297.9	588.4	4.9	1.5	4.3	0.3
TW4-24	0.044 75	0.022 90	0.005 48	0.002 74	0.000 89	0.000 09	0.1	857.8	5.5	2.8	5.7	0.6
TW4-25	0.047 67	0.033 18	0.004 50	0.003 10	0.000 68	0.000 07	82.0	1135.8	4.6	3.1	4.4	0.4
TW4-26	0.046 19	0.029 28	0.004 57	0.002 84	0.000 72	0.000 09	7.5	1073.7	4.6	2.9	4.6	0.6
TW4-27	0.053 20	0.025 94	0.004 50	0.002 16	0.000 61	0.000 05	337.2	838.5	4.6	2.2	4.0	0.3
TW4-29	0.045 74	0.039 17	0.004 37	0.003 72	0.000 69	0.000 07	0.1	1313.3	4.4	3.8	4.5	0.4
TW4-30	0.046 26	0.032 41	0.004 38	0.003 05	0.000 69	0.000 05	11.1	1152.7	4.4	3.1	4.4	0.3

表 4-15 勒邦矿床岩浆岩锆石 U-Pb 同位素 LA-ICP-MS 测试结果

测点号	同位素比值								同位素年龄 (Ma)					
	$^{207}Pb/^{206}Pb$	1σ	$^{207}Pb/^{235}U$	1σ	$^{206}Pb/^{238}U$	1σ	$^{207}Pb/^{206}Pb$	1σ	$^{207}Pb/^{235}U$	1σ	$^{206}Pb/^{238}U$	1σ		
TW11-02	0.051 35	0.219 58	0.000 84	0.003 59	0.000 12	0.000 05	256.5	3054.87	0.9	3.64	0.8	0.31		
TW11-04	0.040 45	0.115 19	0.000 95	0.002 69	0.000 17	0.000 04	0.1	2408.71	1.0	2.73	1.1	0.24		
TW11-05	0.046 84	0.134 51	0.001 17	0.003 35	0.000 18	0.000 03	40.7	2624.53	1.2	3.40	1.2	0.2		
TW11-08	0.045 46	0.074 05	0.001 04	0.001 69	0.000 17	0.000 03	0.1	1948.80	1.1	1.72	1.1	0.16		
TW11-10	0.043 04	0.057 86	0.000 73	0.000 98	0.000 12	0.000 01	0.1	1640.53	0.7	1.00	0.8	0.07		
TW11-13	0.036 46	0.088 94	0.000 68	0.001 65	0.000 13	0.000 02	0.1	2034.31	0.7	1.67	0.9	0.11		
TW11-15	0.051 19	0.134 51	0.000 85	0.002 22	0.000 12	0.000 04	249.5	2454.98	0.9	2.25	0.8	0.25		
TW11-16	0.044 35	0.104 68	0.000 96	0.002 24	0.000 16	0.000 05	0.1	2334.69	1.0	2.28	1.0	0.29		
TW11-17	0.045 36	0.151 13	0.001 20	0.004 00	0.000 19	0.000 04	0.1	2797.20	1.2	4.06	1.2	0.24		
TW11-20	0.041 35	0.287 57	0.000 95	0.006 56	0.000 17	0.000 08	0.1	3611.99	1.0	6.65	1.1	0.5		
TW11-21	0.047 12	0.191 89	0.000 99	0.004 02	0.000 15	0.000 05	55.1	3058.33	1.0	4.08	1.0	0.32		
TW11-22	0.046 99	0.049 75	0.000 82	0.000 87	0.000 13	0.000 01	48.4	1513.71	0.8	0.88	0.8	0.07		
TW11-24	0.044 88	0.271 07	0.000 59	0.003 56	0.000 10	0.000 05	0.1	3550.11	0.6	3.61	0.6	0.31		
TW11-26	0.039 09	0.145 33	0.000 73	0.002 71	0.000 14	0.000 03	0.1	2692.90	0.7	2.75	0.9	0.20		
TW11-27	0.045 98	0.110 65	0.001 00	0.002 40	0.000 16	0.000 03	0.1	2419.45	1.0	2.43	1.0	0.20		
TW11-28	0.044 21	0.058 60	0.000 85	0.001 12	0.000 14	0.000 02	0.1	1675.20	0.9	1.14	0.9	0.11		
TW11-29	0.042 44	0.099 92	0.000 69	0.001 62	0.000 12	0.000 02	0.1	2255.93	0.7	1.64	0.8	0.15		
TW11-30	0.055 15	0.090 26	0.001 09	0.001 76	0.000 14	0.000 04	418.4	1874.30	1.1	1.78	0.9	0.28		

5 成矿规律

5.1 成矿带划分

5.1.1 成矿区(带)划分原则

成矿区(带)由大到小的划分和圈定,是研究成矿规律的必要手段,也是成矿作用和经济概念的统一。一个成矿区带是某矿种(或几个矿种)一组或几组矿床集合在四维空间的定值,表达了矿床的时空分布规律。

按区域成矿学划分为六级划分方案:全球成矿域→成矿省→成矿区(带)→成矿亚区(带)→矿田→矿床。

Ⅰ级:全球成矿域,也称全球成矿单元,用"成矿域"来表达。它反映全球范围内地幔物质巨大的不均一性,常与全球性的巨型构造相对应。它可能是在几个大地构造岩浆旋回期间发育形成的,每一旋回有其特定的矿化类型。随着构造-岩浆旋回的发展、演化,出现多期次叠加和改造的成矿作用,展示全球性的成矿作用。

Ⅱ级:是Ⅰ级成矿单元内部的次级成矿区(带),与大地构造单元相对应或跨越多个大地构造单元的含矿领域,其成矿作用是经几个或单一大地构造演化旋回的地质历史时期形成的,发育有特点的区域矿化类型。区域成矿作用演化过程中,成矿物质的富集受壳幔作用、表生作用及物质不均匀性的控制,赋存的矿床类型明显受多级或多序次构造的控制,矿化集中分布在该级矿带内特定的构造部位。它揭示一级(或二级)大地构造单元区域成矿作用的总体特征。

Ⅲ级:是在Ⅱ级成矿区带范围圈定的次级成矿带,在有利的成矿区段内受几类区域的或同一地质作用控制的某几种矿床类型集中分布的地区,反映了区域成矿专属性的特征。它控制了巨型矿化富集区的成矿作用特征。

Ⅳ级:受同一成矿作用控制和几个主导控矿因素的矿田分布区,展示了矿化富集区的成矿作用特征。

成矿区带与地质构造单元的关系是多样的,不同级别的成矿区带可以与不同级别的地质构造单元重合,亦可以跨越多个不同时代的地质构造单元,或在同一个地质构造单元内。成矿区带与不同时期成矿作用的关系亦是多样的,有的成矿区带是一个时期的成矿作用所形成,更多的成矿区带是多期次成矿作用叠加的产物。

成矿区带以构造单元或地区名称和区域成矿作用限定的成矿元素(或矿物)组合予以命名。

5.1.2 成矿带的划分

苏门答腊岛是印度尼西亚盛产金、银、铜和锡等矿产的火山岛。其成矿地质条件优越,矿产资源丰富,岛上贵金属和有色金属矿分布于苏门答腊大断裂的两侧;锡矿产于东苏门答腊、廖内岛、邦加岛和勿里洞岛(又称"锡岛"),以河流和滨海砂锡矿为主。海西期岩浆旋回以来的金属矿产类型有:斑岩型 Cu-Mo 矿、密西西比河谷型(MVT)铅锌矿、花岗岩型锡矿(锡岛)、低温热液型 Au-Ag 矿等。区域金属矿产的分布受控于不同地体中的岩浆-构造带。

按照成矿的地质条件,苏门答腊岛金属矿产Ⅰ级成矿带属于特提斯成矿域,Ⅱ级成矿省(带)为苏门答腊岛铜金铅锌银钼钨锡铁成矿省,Ⅲ级成矿带2个,Ⅳ级成矿带2个(表5-1,图5-1、附图)。

表5-1 苏门答腊岛成矿带划分表

Ⅰ级成矿域	Ⅱ级成矿省	Ⅲ级成矿带	Ⅳ级成矿带
Ⅰ 特提斯成矿域	Ⅱ 苏门答腊岛铜金铅锌银钼钨锡铁成矿省	Ⅲ₁ 苏门答腊铜金铅锌成矿带	
		Ⅲ₂ 苏门答腊锡成矿带	Ⅳ₁ 梅迪亚(中央)苏门答腊构造带锡成矿带
			Ⅳ₂ 廖内群岛-邦加勿里洞锡成矿带

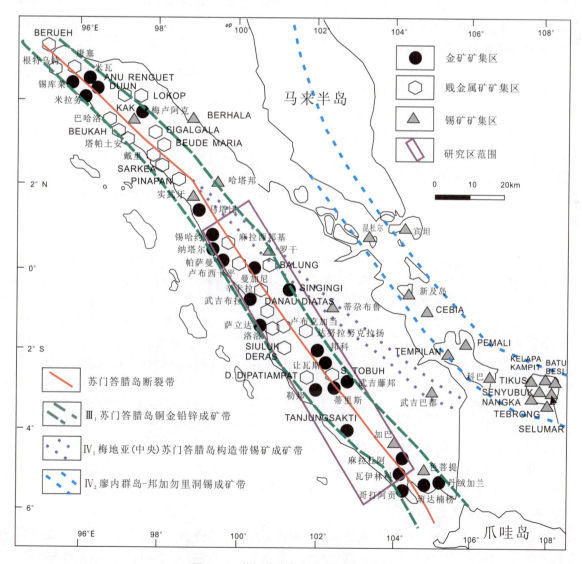

图5-1 苏门答腊岛成矿带划分示意图

5.1.3 成矿带地质特征

1. Ⅱ级成矿省——苏门答腊岛成矿省（Ⅱ）

位于苏门答腊—爪哇海沟北侧的苏门答腊岛—爪哇岛一带，是欧亚板块与印度-澳大利亚板块汇聚碰撞的交汇部位，由苏门答腊岛弧带、苏门答腊陆块、勿里洞陆块（文冬勿里洞增生体）组成。

苏门答腊岛上贵金属和有色金属矿分布于苏门答腊大断裂的两侧；锡矿产于东苏门答腊岛、廖内岛、邦加岛和勿里洞岛（锡岛），以河流和滨岸砂锡矿为主。海西期岩浆旋回以来的金属矿产类型有：斑岩型 Cu-Mo 矿、密西西比河谷型（MVT）铅锌矿、花岗岩型锡矿（锡岛）、低温热液型 Au-Ag 矿等。区域金属矿产的分布受控于不同地体中的岩浆-构造带。

苏门答腊岛在构造上位于巽他古陆西南边缘。该岛晚海西—印支期的板块构造划分为东苏门答腊地体（亲冈瓦纳）和西苏门答腊地体（亲华夏地体），以及燕山期的沃伊拉群洋壳-洋岛推覆体。两者之间的界限为梅迪亚（中）苏门答腊构造带（MSTZ）。西苏门答腊地体侵入岩的岩浆活动特征与东马来半岛的Ⅰ型花岗岩相似，具有强烈的石炭纪—二叠纪中—酸性岩浆侵入和基性火山活动，对贵金属和有色金属成矿和分布起着重要的控制作用；而东苏门答腊地体的 S 型花岗岩与冈瓦纳体系的暹缅马苏地体的岩浆活动特征相似，对锡矿的成矿起着控制作用。

2. 苏门答腊铜金铅锌成矿带（Ⅲ₁）

该成矿带分布在苏门答腊岛弧带，呈北西-南东向延伸，将苏门答腊断裂带包含其中，在构造上隶属于西苏门答腊地体（断块）和沃伊拉群推覆体。

该矿带的走向分布与海西期—燕山期以来的岩浆活动带的走向一致，其中包括有石炭纪—中三叠世火山-侵入岩带、晚三叠世—早侏罗世火山-侵入岩带、中侏罗世—白垩纪（沃伊拉群）火山岩带和新生代火山岩带。

海西期—印支期的成矿受印支期的 MSTZ 构造带的控制。燕山期的沃伊拉群及其加积复合体成矿受中侏罗世—白垩纪火山弧的控制，与燕山早期巽他古陆边缘古裂谷的海底扩张、闭合和洋岛逆冲碰撞作用有关。

成矿带的形成是海西期—印支期以来多期次的火山-侵入活动的结果。岩浆活动的范围与成矿带的走向一致，起始于北苏门答腊省的实武牙花岗岩，向东南方向依次分布的有：麻拉西邦基闪长花岗岩、辛卡拉克（翁比林）花岗岩、苏利特河花岗岩、苏里安花岗岩和燕山期—喜马拉雅期的邦科南花岗岩和拉西（Lassi）花岗岩等。岩浆岩的岩石类型为岛弧型的基性至中—酸性火山-侵入岩套，包括闪长岩、二长花岗岩、闪长花岗岩、花岗岩、石英斑岩，以及辉石粗安岩、安山岩、辉石玻基安山岩、安山质火山角砾岩、晶屑玻屑凝灰岩。岩石产状为中—酸性侵入岩、脉岩和层状基—中性火山岩。据报道，分布于北苏门答腊省的马迪纳勒根西地区（Madina Regency）的玄武岩、安山岩和Ⅰ型闪长花岗岩是属于岛弧型-弧后钙碱性中—基性火山岩和活动大陆边缘火山弧侵入岩。

本项目的最新研究结果也表明，该成矿带出露于辛卡拉克湖东南的诸多花岗侵入岩体和火山喷发岩均为埃达克质岩。

白垩纪—新近纪的铜-金（银）矿床（点）带沿苏门答腊-巴里散大断裂两侧呈带状分布，受控于大陆边缘火山弧的岩浆活动，为印度洋俯冲的结果。侵入岩为Ⅰ型花岗岩、花岗闪长岩和闪长岩，火山岩为玄武岩、安山岩和高钾橄榄玄粗岩系列，构成典型的陆缘火山弧型岩浆类型。

3. 苏门答腊锡矿成矿带（Ⅲ₂）

该成矿带位于东苏门答腊地体，东南亚锡矿带西南边缘的一部分，有"锡岛"之称，形成一条北西-南东向锡矿带，从西马来半岛向南东方向一直延伸至勿里洞岛，而与锡有关的海西期—印支期花岗岩广泛分布于东苏门答腊地体，个别分布于西苏门答腊地体（例如二叠纪实武牙含锡花岗岩和加巴含锡花岗岩等)。

地理位置位于北苏门答腊省、中苏门答腊省和南苏门答腊省的范围内,在构造上夹于梅迪亚(中央)苏门答腊构造带(MSTZ)和著名的文冬-劳勿缝合线之间的广大区域,可以划分为两条分支。

1)梅迪亚(中央)苏门答腊构造带锡矿成矿带(IV_1)

该成矿带位于北苏门答腊省和中苏门答腊省,主要为东苏门答腊地体与西苏门答腊地体之间走滑和拼接的缝合带(MSTZ),其成矿作用与过铝质花岗岩类侵入有关。

主要矿产地有哈塔邦、罗干、地尕布鲁山、武吉巴都等矿集区。

成矿时代为印支晚期至燕山期,属于 S 型含锡花岗岩成矿带,比西马来半岛上主要山脉锡矿带的时代要晚。成矿时代与古特提斯消亡和东、西苏门答腊地体的拼合、碰撞以及碰撞后地壳伸展时期完全一致。

2)廖内群岛-邦加勿里洞锡矿成矿带(IV_2)

该成矿带包括宾坦(Bintan)岛、廖内群岛、新及岛、邦加岛—勿里洞岛(锡岛)等一系列滨外岛屿,是位于西马来半岛上的暹缅马苏(Sibumasu)地体的主要山脉(Main Range)锡矿带向东南延伸的部分,成矿时代为印支期(252~193Ma),与主要山脉锡矿带比较,其成矿时代(247~143Ma)要早得多。

典型矿产地为:位于锡岛北西方向的丹绒潘当(Tanjungpandan)锡矿和克拉帕坎皮特(Kelapa Kampit)锡矿。丹绒潘当锡矿为云英岩型锡矿和砂锡矿,含矿母岩为中三叠世(215Ma)岩基。

成矿带上自下古生界上寒武系到第四系均有产出。第四纪时海相和陆相沉积都有发生,陆相主要见于大陆上的河流冲刷作用产生的砂锡矿;海相沉积主要见于沿海岸线的滨岸砂锡矿沉积。

原生锡矿细脉状锡矿产出在酸性侵入体及其与围岩接触带上,锡矿脉呈单脉或脉群产出,倾向延伸有限。

5.2 区域控矿条件与成矿作用分析

苏门答腊岛海西期岩浆旋回以来的金属矿产类型有斑岩型铜钼矿(唐塞矿床)、密西西比河谷型(MVT)和沉积-喷气(SEDEX)铅锌矿床(戴里矿床)、花岗岩型锡矿("锡岛")、热液型金银矿,以及一些新发现的矿床,例如勒邦丹戴(Au、Ag)、曼加尼(Au、Ag)、麻拉西邦基(Au、Ag、Pb、Zn、Cu)、哈塔邦(Sn)、马塔比(Au)等矿床。

根据不同的地层系统、沉积古地理、古生物地理区系、岩浆旋回和构造运动特征,可将该岛的晚古生代板块构造划分为东苏门答腊地体和西苏门答腊地体,前者为亲冈瓦纳地体,后者为亲华夏地体(西苏门答腊地体)。两者之间的界限为梅迪亚(中央)苏门答腊构造带(MSTZ)。西苏门答腊地体的岩浆活动特征和金属成矿的控制作用与东马来半岛相似,具有强烈的石炭纪—二叠纪酸性岩浆侵入和基性火山活动,而东苏门答腊地体的岩浆活动特征和金属成矿的控制作用与冈瓦纳体系暹缅马苏地体相似。

根据苏门答腊岛的岩浆旋回(表 5-2)及其含矿性,将其成矿期划分为海西期(C—P)、印支期(T—J_1)、燕山期(J_2—K)和喜马拉雅期(E—N),简要阐述如下。

5.2.1 海西期成矿作用

苏门答腊岛晚古生代沉积盆地的古地理性质属于板内裂陷槽。海西期矿床模式为密西西比河谷型矿床。见于东苏门答腊地体的戴里铅锌矿田、勿里洞岛的晚古生代变沉积岩和变火山岩是层控型铅锌含矿层位。典型矿床戴里铅锌矿田,位于多巴湖的北西方向,含矿层位为石炭系克鲁伊特组。该矿为块状铅锌矿脉,矿化层为一个穹状构造,矿体长可追溯 5km,含矿母岩为钙质页岩和白云质粉砂岩。矿化作用是火山热液与沉积岩发生交代作用的结果。在该矿床之南的西苏门答腊地体上,还发现有海西期

表 5-2 苏门答腊岛岩浆构造旋回简表

旋回	时代	同位素年龄(Ma)	西苏门答腊地体 侵入岩	西苏门答腊地体 火山岩	东苏门答腊地体 侵入岩	东苏门答腊地体 火山岩
喜马拉雅期	上新世—晚中新世	1.5~6	洛洛深成岩、双溪帕努努花岗岩等11种侵入岩,时代6.03~2.5Ma	实武牙安戈拉组安山岩、明古鲁玄武-安山岩、古农巴都安山岩等14种火山岩,时代1.76~6.45Ma		多巴湖闪长岩脉,时代5.66Ma
	中中新世	8~12	洛洛花岗闪长岩、唐塞英安闪长斑岩、亚逸又斯河花岗岩等12种侵入岩,时代13.1~7.9Ma	阿勒姆组玄武岩、胡鲁辛邦组玄武岩、岩墙等4种火山岩,时代11.2~8.74Ma		
	早中新世晚期	14~22	洛洛花岗闪长岩、根特乌特花岗闪长岩等6种侵入岩,时代20.1~14.3Ma	卡兰玄武-安山岩、萨耶那火山岩组玄武岩、派南组安山-玄武岩、胡鲁邦组玄武岩、锡卡拉组橄榄邦粗安岩等38种火山岩,时代21.4~12.8Ma		
	早中新世—晚渐新世	24~30	(缺失)	派南组玄武-英安岩、塔响土安北的玄武岩等4种火山岩,时代37.3~23.7Ma		
	早渐新世—晚始新世	30~35	亚逸邦又斯河花岗岩等2种侵入岩,时代29.7~28.2Ma	塔响土安武-安山岩、兰萨特村玄武岩、洞轮康组玄武岩3种火山岩,时代37.3~31.6Ma		
	中始新世	35~46	格莱塞乌肯复合岩体、锡默户岛蛇绿岩套辉长岩等4种侵入岩,时代45.0~35.4Ma	兰萨特组安山岩、丹戎加兰橄榄粗玄岩、因达伦组玄武岩、锡昆布组安山岩等5种火山岩,时代45.8~41.1Ma		
	古新世	50~65	萨马柱阿(塔响)花岗岩、拉西花岗岩、辉长岩、邦科岩基石英闪长岩等34种侵入岩,时代63.7~47.2Ma	本塔洛火山凝灰岩、玄武岩-辉长岩、巴塘纳塔尔闪长岩玄武岩-辉长岩、洞纶塔尔闪长岩脉等14种火山岩,时代63.7~49.5Ma		塔米昂2号钻井凝灰岩,时代55Ma

续表 5-2

旋回	时代	同位素年龄(Ma)	西苏门答腊地体 侵入岩	西苏门答腊地体 火山岩	东苏门答腊地体 侵入岩	东苏门答腊地体 火山岩
燕山期	晚白垩世	75~120	加尔巴花岗岩、二长闪长岩、古迈山闪长岩、苏兰云英闪长岩-花岗岩、拉西花岗岩、实武牙花岗岩和玄武岩等34种侵入岩,时代120~75Ma	卢布克帕鲁库帕凝灰岩、古迈安山岩、坦巴克巴鲁火山岩3种火山岩,时代105~75Ma	丹戎加当花岗岩、勿里洞古农曼闪长岩、哈塔邦花岗岩、帕莱帕特花岗岩等5种侵入岩,时代120~88Ma	帕莱帕特安山岩,时代75Ma
燕山期	早白垩世—中侏罗世	121~175	卡龙马班花岗岩、麻拉西邦基花岗岩、实武牙花岗岩、苏利特河闪长岩、邦科花岗岩和花岗闪长岩等37种侵入岩,时代180~121Ma	泗纶康安山岩、古迈基性火山岩、伦巴克安山岩3种火山岩,时代140~121Ma	丹戎加当花岗岩、基里花岗岩等6种侵入岩,时代169~129Ma	帕兰基安山岩、勿里洞丹戎锡安图变质玄武岩2种火山岩,时代181~143Ma
印支期	早侏罗世—早三叠纪	183~246	劳劳多洛克侵入体(P—T)、实武牙花岗岩、苏利特河闪长岩、麻拉西邦基花岗岩等22种侵入岩,时代246~183Ma;另外梅迪亚(中央)苏门答腊构造带有双溪伊萨汉花岗片麻岩、罗干花岗岩5种侵入岩,198~186Ma	泗纶康安山岩,时代248Ma	伊德利斯1钻井花岗岩、贝鲁克微粒花岗岩等4种侵入岩,时代208~203Ma;宾坦花岗岩等17种侵入岩,时代229~193Ma	
海西期—加里东期	二叠纪—早石炭世	256~427	辛卡拉克花岗岩、实武牙花岗岩、斯俊簪(Sijunjung)花岗岩等6种侵入岩,时代348~266Ma	泗纶康安山岩,时代为中二叠世	班加勿里洞花岗岩、塞提钻井花岗岩、伊德利斯1钻井的花岗岩等6种侵入岩,时代427~276Ma	

矽卡岩型的 Ag、Cu、Pb 和 Zu 矿化,可能与实武牙岩浆复合岩体侵入克鲁伊特组钙质层的活动有关。实武牙花岗岩属于海西期—印支早期的多期次酸性岩浆侵入复合体。

5.2.2 印支期成矿作用

印支期苏门答腊群岛是东南亚锡矿带西南边缘的一部分,有"锡岛"之称,形成一条北西-南东向锡矿带,从西马来半岛向南东方向一直延伸至勿里洞岛,属于东苏门答腊地体成矿带。另一条印支期S型含锡花岗岩带(K-Ar 法同位素年龄为 208～203Ma)(Koning,1984)位于北苏门答腊和中苏门答腊,包括梅迪亚(中央)苏门答腊构造带(MSTZ)和西苏门答腊地体。

印度尼西亚印支期成矿作用与东苏门答腊地体和印支陆块发生碰撞后地壳的伸展减薄有关,主要是后碰撞的过铝含锡花岗岩类(220～195Ma)侵入,并伴生强烈的热液活动,也与东苏门答腊地体和西苏门答腊地体之间的走滑拼接有成因联系。

1. 锡岛和北苏门答腊的锡矿带

印度尼西亚有经济价值的锡矿产地大量见于印支碰撞带内的廖内群岛至勿里洞岛(锡岛)一带。锡岛花岗岩自北西方向的廖内群岛、新及岛起,向南东方向延伸至班加岛和勿里洞岛,以S型花岗岩为主,与少数I型花岗岩共存,主要矿床与碰撞成因的过铝质花岗岩有关,是印支造山运动期间岩浆侵位的结果。这些过铝花岗岩与西马来半岛的中央山脉花岗岩属于同一条S型花岗岩带。含锡花岗岩类都是印支期陆-陆碰撞后地壳扩展拉伸和岩浆侵位的结果。

邦加岛的锡和钨矿产于云英岩中,以块状交代矿床、细脉状或单脉状矿床产于帕马利矿区。该花岗岩侵位时间为 211Ma(Rb-Sr 法同位素等时线年龄)(Schwartz,1991),在碰撞后的漫长地质历程中,缓慢冷却的岩浆侵入体提供了形成锡矿优越的成矿条件。

一般认为,锡在热液阶段中在运移成矿之前,一直残留于溶液中。锡和锡矿化不同程度地与晚期硫化物共生,矿化伴随有高温气成热液矿物(电气石、萤石和黄玉)等。这些交代矿体、矿脉和细网脉系统以缺少磁铁矿和铁的硫化物为特征,形成于花岗岩类的岩株构造中。在勿里洞的南部,许多锡矿床都呈脉状和席状矿脉产于变质沉积岩中。克拉帕坎皮特锡矿的矿床形态十分异常,复杂的锡-硫化物矿化表现为层控特征的"层状平行脉"和交错的细脉。层控矿脉在其他许多矿区也可见及,包括巴都伯西(Batu Besi)和色鲁马(Selumar)。这种情况使许多学者误认为该矿化作用为同生成因,但是普遍认为是与花岗岩侵入有关的浅成热液交代成因,甚至在矿层中还出现有矽卡岩成因组合矿物特征(角闪石、辉石和石榴石)可能与矽卡岩有一定的成因联系。

北苏门答腊和位于马六甲海峡的几个岛屿都是由锡矿化的花岗岩和云英岩组成的。贝哈拉(Berhala)岛是砂锡矿和稀土矿的产地,其海滩砂矿来源于风化的矿化片麻状白云母花岗岩、云英岩和堇青石-矽线石-接触变质角岩。北苏门答腊许多花岗岩都埋藏于第三纪沉积物之下。据德利斯Ⅰ号钻井井下的蚀变白云母花岗岩基的年代判断,其白云母 K-Ar 法年龄为 208Ma(晚三叠世),推断锡矿化应为印支期热液蚀变产物。

2. 梅迪亚(中央)苏门答腊构造带(MSTZ)锡矿

梅迪亚(中央)苏门答腊构造带(MSTZ)是西苏门答腊地体与暹缅马苏地体之间的印支期走滑和拼接缝合带。其成矿作用与含锡花岗岩基有关,与马来半岛的中央山脉花岗岩带一样,都与过铝花岗岩类的侵入有关。地尕布鲁山(Tigahpuluh)锡矿田的原生锡矿和砂锡矿来源于侵位于 MSTZ 带东侧的打巴奴里(Tapanuli)群变沉积岩。双溪伊萨汉岩钟上的含锡石云英岩的白云母 K-Ar 法同位素年龄为 197～193Ma(Schwartz,1987),其属于印支晚期(T_3—J_1)岩浆旋回。蒂加普卢山和双溪伊萨汉是寻找小型砂锡矿和小型原生金矿的远景区。

罗干含锡花岗岩的黑云母 K-Ar 法同位素年龄为 189～186Ma(Rock,1983),属于印支晚期(T_3—

J_1)岩浆旋回产物,皆为印支末期侵入体。MSTZ 带上苏门答腊断裂以西阿拉斯剖面的二叠纪—三叠纪花岗岩基为交代岩钟,是走滑断层活动期侵入的产物。片状黑云母-白云母花岗岩类岩基是开斯(Kais)矿田河流砂锡矿的原生矿源区。该构造带的成矿作用应归属于印支运动晚期。

3. 西苏门答腊地体的斑岩铜金矿化和锡矿化

西苏门答腊地体的印支期侵入岩与印支陆块相同,属于岛弧型 I 型花岗岩带。巴东—明古鲁地区位于西苏门答腊地体中部,长期以来是普查找矿的重要靶区。其中,巴东以东的辛卡拉克矿田的斑岩型铜和贵金属矿床与斯俊窨花岗岩、苏利特河(Sulit Air)岩体、拉西花岗岩和蚀变的辛卡拉克(昂比林)花岗岩类有关。后者为多期次的复合侵入体,既有海西期 Rb-Sr 法和 K-Ar 法同位素年龄 287~256Ma(Hahn,1981b;Silitonga,1975),也有印支晚期($T_3—J_1$)K-Ar 法同位素年龄 246~206Ma(Silitonga,1975;Sato,1991)。

辛卡拉克矿田是一条呈北西-南东向展布的贱金属矿和贵金属狭长成矿带,其分布范围北起自帕亚孔布,向南东经辛卡拉克湖、索洛克(Solok)、南索洛克的巴东加罗(Padangaro)至双溪帕努,主要矿床包括辛卡拉克贱金属矿、迪亚塔斯湖贱金属矿、巴吉布拉特金矿、萨立达(Salida)金矿、廷布兰(Timbulan)铜矿。这是一条北西—北东向分布的 Cu-Au(Ag)-Pb(Zn)-Cr-Co(Ni)金属地球化学异常带。矿区铜矿化类型包括斑岩型、矽卡岩型、石英脉型(低温热液交代)。矿床成因可能与侵入活动以及苏门答腊大断裂带和东巴厘散断裂带(EBFZ)热溶液活动有关。

西苏门答腊地体的印支期锡矿与东马来半岛一样不发育,只在实武牙花岗岩(206Ma)岩基内有少量的锡矿化(Fontaine,1989)。

5.2.3 燕山期成矿作用

燕山期沃伊拉群(中侏罗世—白垩纪)是推覆在巽他古大陆边缘西苏门答腊地体之上的一个大推覆体(图 5-2),其岩石组合显示该推覆体古地理面貌为大陆边缘上的火山弧-洋壳-洋岛的综合加积体。据本书作者研究,该群火山岩以大陆初始裂谷为主,其次具陆缘火山弧和大洋板内玄武岩特征。故此,沃伊拉群代表燕山早期(中侏罗世)从巽他古大陆边缘分裂而成的夭折裂谷深海湾沉积地层,于燕山晚期(晚白垩世)裂谷又重新闭合,并加积在西苏门答腊地体边缘的弧-陆碰撞体。燕山期成矿作用是受陆缘弧和夭折裂谷形成以及古裂谷闭合过程的控制。

1. 燕山早期($J_2—K_1$)火山弧铜-金成矿

1)中苏门答腊的贵金属和铜-钼矿化

中苏门答腊只发现有少数的中侏罗世—早白垩世的矿化侵入体。麻拉西帮基贵金属和铜矿床是侵入岩基在 158Ma 侵位时形成的矽卡岩和浸染型矿化的结果。在邦科矿群之北有低品位的达努拉努克拉扬(Danau Ranau Kelayang)Cu-Mo 矿化,产于邦科岩基的蚀变岩石中,其 K-Ar 法同位素年龄为 169~129Ma(中侏罗世—早白垩世)(McCourt 和 Cobbing,1993)。

2)沃伊拉群及其加积复合体 Au-Ag、Pb-Zn 矿化

南苏门答腊的沃伊拉群及其加积复合体成矿作用与燕山早期巽他古陆边缘古裂谷的海底扩张以及洋壳俯冲、洋岛与大陆之间的碰撞引发的超基性岩活动和火山-热水作用有关。

燕山早期古裂谷中喷气硫化物矿化的例子见于根特乌特(Geunteut)矿群(图 5-2),矿化产于本塔洛(Bentaro)火山岩组镁铁质熔岩中。而塔帕土安(Tapaktuan)火山岩组中的层状赤铁矿-磁铁矿岩石是火山喷气成因的含金块状磁铁矿和硫化物的潜在矿产资源,形成于塔帕土安(Tapaktuan)矿群和巴哈洛(Bahharot)矿群,为砂金矿的来源。纳塔尔河的砂金来源于晚白垩世侵入体与沃伊拉群变沉积岩接触带上的矽卡岩矿床。冲积砂金和含铬矿物则来源于帕萨马(Pasaman)蛇绿岩体(即为沃伊拉群海台)。卢布加当附近的古帕河 Pb-Zn 矿产于沃伊拉群灰岩中的蛇纹石化巨砾岩中(大多数巨蛇纹石化

砾块来源于邻近的蛇纹石化方辉橄榄岩)。这里的 Pb-Zn-Mn 矿化可能是热水沉积型的含锰金属矿层,形成于深海环境,与代表海台构造的方辉橄榄岩(洋壳)一起整合地叠置于沃伊拉群灰岩之上。

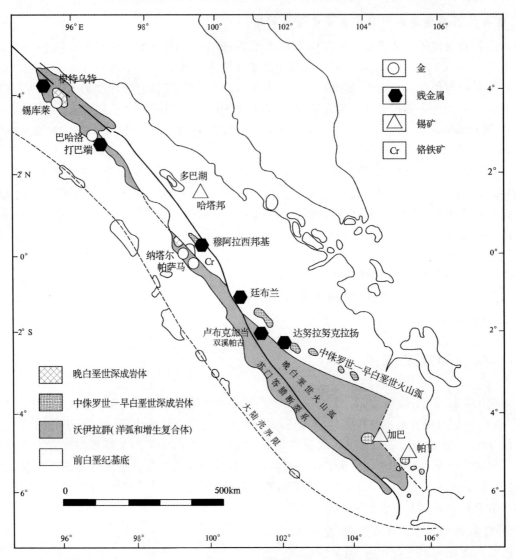

图 5-2　燕山期(中侏罗世—白垩纪)的成矿作用

2. 燕山晚期(晚白垩世)岩浆弧(Sn,Au-Ag)矿化

西苏门答腊地体的本塔洛-萨洋岛弧复合体在中白垩世与巽他古陆发生碰撞,整个苏门答腊岛的俯冲系统在晚白垩世以后发生了根本性的变化。由于洋岛弧逆冲在巽他古陆之上,使沃伊拉群的矿化作用产生了重大变化,变成与火山弧的活动有关。例如,北苏门答腊的锡库莱金矿与本塔洛洋岛弧的礁灰岩上的矽卡岩有密切的成因联系,是由较年轻的锡库莱岩基(K-Ar 法同位素年龄平均为 98Ma)侵位形成的(Bennett,1981)。

西苏门答腊地体纳塔尔矿群的贵金属和硫化物产于曼努加尔(Manunggal)岩基与沃伊拉群的接触带上,该侵入体形成时间为 87Ma(K-Ar 法同位素年龄;Kanao,1971)。

中苏门答腊的晚白垩世锡矿与哈塔邦花岗岩侵入有密切关系。该花岗岩为板内 A 型和 S 型深熔花岗岩共生(侵入体 Rb-Sr 同位素等时线年龄 80Ma)(Clarke,1987)。

南苏门答腊加巴矿群的锡石和独居石砂矿来源于加巴岩基燕山晚期的火山岩钟上的片麻岩和伟晶

岩。该岩基是由早白垩世闪长岩相（K-Ar 法同位素年龄 117～115Ma）和晚白垩世花岗岩（K-Ar 法同位素年龄 86～80Ma）组成（Pulungono，1992）。Sepuit 矿群至加巴山东南一带的砂锡矿来源于较年轻的白云母花岗岩，其原生锡矿是帕丁（Padean）侵入体（K-Ar 法同位素年龄为 85Ma）相分异的产物。

5.2.4 喜马拉雅期成矿作用

喜马拉雅期苏门答腊岛的古地理面貌和古构造性质发生了根本改变，形成了北西-南东向的苏门答腊-巴里散大断裂。较多的火山-侵入岩沿着该大断裂分布，控制了此期有色金属和贵金属的成矿作用。

1. 喜马拉雅早期

1）古新世岩浆弧 Cu、Au-Ag 成矿

在南苏门答腊的拉瓦斯矿群中的小规模硫化物矿化点产于武吉拉贾花岗岩（K-Ar 法同位素年龄为 54Ma；Jica，1988）与沃伊拉群变质沉积岩的接触带和浸染带上，为喜马拉雅早期成矿的产物。拉瓦斯矿群的砂金矿与古新世侵入体成矿物质的风化剥蚀有关。位于其东南方向的双溪图波为含铜和贵金属的矽卡岩矿床（矿石储量为 1.76×10^6 t），形成于石英二长岩（K-Ar 法同位素年龄为 40Ma）的接触带上。

2）晚始新世—早中新世岩浆弧成矿

喜马拉雅早期与新近纪火山弧有关的矿化作用不发育，只见于班达亚齐北西方向的布勒韦（Breueh）矿群。其浸染状硫化物和含矿石英脉与浅成的闪长岩体有成因联系。

2. 喜马拉雅晚期

1）中新世—上新世岩浆弧（斑岩型 Cu-Mo 矿化）成矿

新近纪中新世—上新世 Cu-Mo 矿化与斑状闪长岩和花岗岩侵入体有关，广泛分布于巴里散山脉（属于西苏门答腊地体），但品位很低。斑岩型矿化与苏门答腊断裂系统的活动有密切的成因联系。

北苏门答腊的唐塞斑岩型 Cu-Mo 矿发现于 1978 年。Cu-Mo 矿化产于苏门答腊断裂系统中的多期次斑岩侵入体中，例如始新世的格莱瑟科乌姆（Gle Seukeun）岩浆复合体。其地球化学特征以低的 Rb、Nb、Th（$<4\times10^{-6}$）和低的 Sr 初始同位素比值 $(^{87}Sr/^{86}Sr)_i=0.70423\sim0.70453$ 为特征，显示它们是代表着与洋壳俯冲有关的地幔源钙碱性岩套。K-Ar 法同位素年龄表明：多期次的唐塞深成岩体是古近纪中始新世的产物，矿化岩株、网脉的成矿时代和晚期岩墙侵入时代是新近纪晚中新世，可能比洛洛岩基的矽卡岩矿化（K-Ar 法同位素年龄大约为 15Ma）更为年轻。唐塞矿床为中型矿床，钼的含量极小，其金的含量相当高，金品位 $0.17\times10^{-6}\sim0.38\times10^{-6}$。

杜孙（Dusun）矿群的其他矿点则与小型侵入的闪长岩-云英闪长斑岩有关。

2）新近纪岩浆弧 Au-Ag 成矿

White 和 Hedenquist（1990）对苏门答腊岛上新近纪浅成热液贵金属矿床进行了分类，他们用岩脉、蚀变矿物和矿体形态推断了控制矿床形成的流体化学特征。高硫化作用类型反映了偏氧化的成矿流体，而低硫化作用类型反映了偏还原成矿流体。低硫化作用类型一般在岛的南部被发现，沿着两个线状构造或轴线集中分布。两条轴线区分明显，外部新近纪金矿线将萨立达（Salida）和哥打阿贡（Kotaa-gung）矿集区连接起来，成矿元素集中于勒邦和西海岸地区，内部新近纪金矿线将曼加尼和丹绒加兰（Tanjungkarang）矿集区连接起来，两条金矿线主要以经典石英脉型矿床代表（图 5-3）。至今仅最新发现的 3 个高硫化物类型矿床（马塔比、米瓦和梅卢阿克），都位于北苏门答腊岛，代表了岩浆挥发分中丰富的化石地热系统。第三种类型的矿床是在阿邦（Abong）和锡哈约（Sihayo）发现的沉积岩中的矿化。

苏门答腊岛大部分新近纪浅成低温热液金矿点分布在沃伊拉群的新近纪火山岩和沉积岩中（图 5-3），也有一些例外，如在梅卢阿克、马塔比、曼加尼和邦科矿集区不存在沃伊拉群。Carlile 和 Mitchell（1994）观察了苏门答腊岛和西爪哇岛许多浅成低温热液金矿床与沃伊拉群的空间关系，认为这种空间关系与白垩纪时期岛弧倒转和沃伊拉群的大洋火山弧就位巽他大陆边缘直接相关。

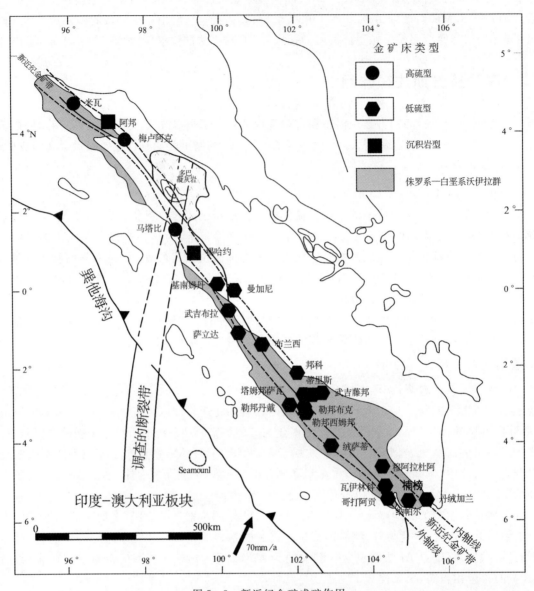

图 5-3 新近纪金矿成矿作用

流体的汇集、良好的渗透性和控制侵入体就位的断层构造有助于解释新近纪金矿带浅成热液矿点集中出现的现象。内部轴线热液外流的证据是泉华的出现,如在邦科矿集区。在有些地区,外流热液来自隆升的巴里散山外部的新近纪金矿轴线。来自巴里散山脉的热水在因地形高低而外流也有利于弧后地区第三纪沉积盆地中热水的低温储集(Hochstein,Sunarman,1993)。

喜马拉雅晚期(新近纪)金矿的矿石类型可分为低硫型和高硫型两类。南苏门答腊新近纪成矿带的浅成贵金属矿为低硫型,以石英脉型为代表。北苏门答腊金矿带为高硫化型。

第一类低硫型金矿为高品位的金矿,见于南苏门答腊。在勒邦多诺克和萨立达,该类型都产于沉积岩和火山岩的交界接触面上,其矿体的形成过程是断层界面反复打开、闭合和热液充填的结果。因此,其矿床成因实际上是与含矿流体长距离的横向流动有关。这些矿体都产于含有低温钙沸石的石英脉中,意味着石英脉是原始含矿热液经历了强烈横向扩张流动过程,再经过脱气、沉淀的地方。

第二类为高硫型金矿床,可见北苏门答腊岛的马塔比矿床。该矿床系统产于火山岩和沉积岩系,中苏门答腊断裂系统的张性断层中。它沿着一个火山侵入通道分布于沉积-火山地层单元的分界层状面上。喜马拉雅晚期发生的多期次酸性淋滤热液蚀变事件,使其产生了大体积的板状晶洞和块状硅质成分。该矿化带体长 1~1.2km,富矿体为块状硫砷铜矿。高硫酸盐蚀变矿化为该矿床类型不寻常的特征,其蚀变顺序是:酸性硫化物蚀变→低硫酸盐脉→高硫酸盐脉。

低级别的米瓦远景区位于层间的上新世沉积岩和安山质火山岩中广泛分布的蚀变系统中,与岛弧-正断层作用有关,很可能与埋藏斑岩型侵入体相连通。矿床跟其他的贵金属矿床类似,与苏门答腊俯冲带有关。

梅卢阿克地区的地质受由近平行分布的断层系形成的裂谷控制,该断层系是苏门答腊主断裂带的一部分。金矿化发育于第四纪 Kembar 火山岩中,与热液角砾岩、块状和多孔状石英以及黏土黄铁矿化蚀变。

新近纪金矿床产于沉积岩中,属于层控型矿床,例如北苏门答腊岛的阿邦(Abong)和锡哈约(Sihayo)矿床。阿邦金矿床由北西向的泥岩/黑色岩组成,产于灰岩层之下,长 200m,宽 450m。含金地层属于 Bampo 组(上渐新世—中中新世)安山质火山岩呈互层状,是一条不规则含矿带。含金岩石产于接近灰岩顶板,为层状碧玉、硅质页岩和粉砂岩,平均厚度 9m,显示发育程度不等的角砾状构造。其胶结物包括块状结晶石英、胶状石英、鸡冠花状石英和伊利石。金矿化与银矿共生(银品位高于 680×10^{-6}),伴随着 As($>6\%$)、Sb 和 Hg 异常。

锡哈约矿化带长 1km,宽 450m,金矿化为硅质角砾岩,产于二叠纪灰岩顶部及凝灰质粉砂岩的夹层中,黑色硅质(碧玉)蚀变交代角砾的基质胶结成分。硫化物含量为 1%~2%,局部超过 10%,主要硫化物为黄铁矿,其次为毒砂和辉锑矿。矿化与侵入体中心区域有关,而不是属于厚层沉积序列中变质脱水的卡林型。

苏门答腊新近纪矿化范围总体方向呈线状分布,形成北西-南东向的"新近纪金矿轴"。总之,新近纪含矿岩浆侵入体位置的迁移与苏门答腊岛地体的平移运动和苏门答腊大断裂系统的活动有关。

5.3 矿床形成时间及空间分布规律

研究区工作程度较低,从现有矿产分布情况来看,主要金属矿产资源产出与区内控岩控矿构造以及岩浆活动关系密切。苏门答腊岛金属矿床形成于 4 个成矿期,各成矿期形成不同的金属矿床,同一矿产形成的时间不一定相同。

5.3.1 金矿

苏门答腊岛各个成矿期均有金矿化作用,从而形成金矿,喜马拉雅成矿期形成的浅成热液金矿,为本区最重要的金矿床。

海西期和印支期形成的金矿与其他多金属矿共生和伴生在一起,如麻拉西邦基矿集区中 Au-Ag-Pt 矿化和 Cu-Pb-Zn 矿化共生,辛卡拉湖矿集区铜矿床中伴生 Au-Ag 矿化,这些多金属矿分布在苏门答腊岛弧带上。

在燕山成矿期中火山弧铜金成矿,如沃伊拉群及其加积复合体 Au-Ag 矿化,如纳塔尔矿集区的贵金属矿。

苏门答腊岛金矿主要为喜马拉雅晚期新近纪成矿作用,形成了北西-南东向的苏门答腊-巴厘散大断裂。强烈的火山-侵入岩作用沿着该大断裂分布,控制了该时期有色金属和贵金属的成矿作用。

苏门答腊岛上新近纪浅成热液贵金属矿床分布在新近纪金矿带上(图 5-3),低硫型金矿一般在岛的南部被发现,沿着两个线状构造或轴线集中分布。高硫型金矿和沉积型金矿位于北苏门答腊岛。

苏门答腊岛大部分新近纪浅成低温热液金矿点分布在沃伊拉群的新近纪火山岩和沉积岩中,也有一些例外，如在梅卢阿克、马塔比、曼加尼和邦科矿集区不存在沃伊拉群。

苏门答腊断裂带控制着金矿分布，南苏门答腊岛几个贵金属矿集区与苏门答腊断裂带（如Tanjungsakti、瓦伊林科和马塔比）平行岛弧分布的主要断块有关。曼加尼远景区位于苏门答腊断裂系统一个主断块的终端。有时会与岛弧-正断层有联系，如在米瓦矿集区，断层控制着金属矿点的分布位置。断层网格状互相交切控制着勒邦矿集区贵金属的矿化；勒邦和曼加尼矿集区断层对矿化的控制起重要作用。

砂金一般分布在上游有贵金属矿集区的海岸平原、河床、河漫滩及河流阶地，北苏门答腊岛第四纪Anu-Renguet砂金矿区的贵金属来自于白垩纪中期沃伊拉群断裂时期形成的石英脉和浸染状硫化物。海岸平原米拉务砂金矿区贵金属的物源很可能是沃伊拉群的矽卡岩。赤道以南的Singingi冲积成因矿区金的来源可能是受风化的浅成低温热液矿床。

5.3.2 铜矿［铜（金）矿、铜（钼矿）］

苏门答腊岛的铜矿化作用在印支期、燕山期和喜马拉雅期期间均形成铜矿，主要矿床在喜马拉雅晚期的中新世—上新世岩浆弧（斑岩Cu、Mo）成矿。

铜矿及铜多金属矿分布在西苏门答腊地体，印支期侵入岩属于岛弧型I型花岗岩带，控制着铜矿的分布。在西苏门答腊地体中部的巴东—明古鲁地区，巴东以东形成了一条呈北西-南东向展布的贱金属矿和贵金属狭长成矿带——辛卡拉克矿田，主要矿床包括辛卡拉克贱金属矿、迪亚塔斯湖贱金属矿、巴吉布拉特金矿、萨立达金矿、廷布兰（Timbulan）铜矿、苏利特河铜矿。该矿带与斯俊窘（Sijunjung）花岗岩、苏利特河岩体、拉西花岗岩和蚀变的辛卡拉克（翁比林）花岗岩类有关。矿区铜矿化类型包括斑岩型、矽卡岩型。

燕山期成矿作用形成的铜矿位于侏罗纪—早白垩世岩浆弧，这些岩浆弧已遭受剥蚀，岩基和深成岩体暴露地表，因此顶部构造和矿化很少被保留下来。在中苏门答腊岛上，中侏罗世—早白垩世岩浆弧有几个以侵入体为中心的矿化实例。麻拉西邦基贵金属和铜矿床是侵入岩在158Ma侵位时形成的矽卡岩型和浸染型矿化的结果。在邦科矿群之北有低品位的达努拉努克拉扬Cu-Mo矿化，产于邦科岩基的蚀变岩石中。

喜马拉雅期成矿作用形成的铜矿位于中新世—上新世岩浆弧，中新世一套发育Cu-Mo矿化的等粒斑状闪长花岗岩侵入体广泛分布于西苏门答腊岛的巴里散山脉，但矿化级别很低。斑岩型矿化通常与平行于岛弧分布的断裂系统有关，伴随深成岩体侵入于主断裂带的各个断层和产状变化处。斑岩型矿化与苏门答腊断裂系统的活动有密切的成因联系，代表矿床有唐塞斑岩型铜钼矿和杜孙（Dusun）矿群。

5.3.3 铅锌矿

铅锌矿床主要形成于海西期成矿作用，分布在东苏门答腊地体中的古生代沉积盆地中。代表矿床为戴里铅锌矿床，矿床类型为MVT型铅锌矿床，位于多巴湖的北西，含矿层位为石炭系克鲁伊特组。次要的铅锌矿床为燕山成矿期的沃伊拉群及其加积复合体Pb-Zn矿化，如卢布加当附近的古帕河Pb-Zn矿产于沃伊拉群灰岩中的蛇纹石化巨砾岩中。西苏门答腊地体上，分布有麻拉西邦基、巴巴霍特、洛洛、皮那盘（Pinapan）、苏里安等铅锌矿床，这些矿床为矽卡岩型以铅锌为主的多金属矿床，矿床与酸性岩浆侵入体相关。矿床沿北西向的岛弧带分布。

5.3.4 锡(钨)矿

锡(钨)矿主要形成于印支期成矿作用,成矿作用与东苏门答腊地体和印支陆块发生碰撞后地壳的伸展减薄的有关,主要是后碰撞的过铝质含锡花岗岩类侵入,并伴生强烈的热液活动,也与东苏门答腊地体与西苏门答腊地体之间的走滑拼接有成因联系。

在燕山成矿期的晚白垩世,岩浆弧有部分锡矿化,如加巴山锡矿和哈塔邦锡矿。锡矿主要分布在两条锡矿成矿带:梅迪亚(中)苏门答腊构造带锡矿成矿带和廖内群岛-邦加勿里洞锡矿成矿带(锡岛成矿带)。另外,在西苏门答腊岛弧带零星分布有锡矿(图5-4)。

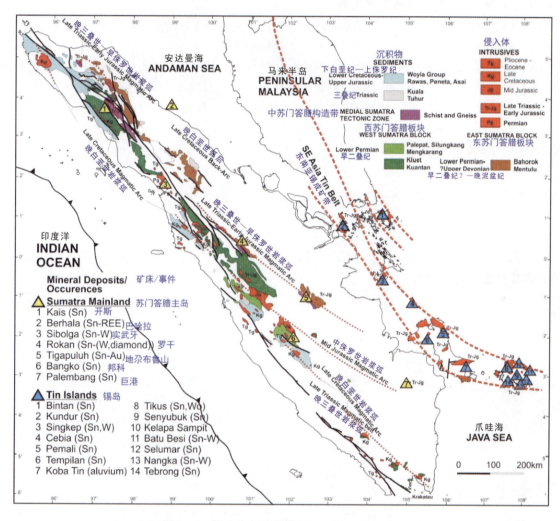

图5-4 锡矿分布示意图(Bronto Sutopo,2013)

1. 梅迪亚(中央)苏门答腊岛构造带

锡矿成矿带与花岗深成岩体有关,后者形成具有强烈晕色的锡矿,类似于与马来西亚主山脉省有关的锡矿。作者认为中苏门答腊锡矿花岗岩套产出于外来推覆块体中,这些推覆块体曾经是"锡岛"群岛的一部分,可分为下面几个矿集区。

地尕普卢山锡矿集区:矿集区中的冲积型锡矿,主要源自于MSTZ带以东打巴奴里群(Tapanuli)变质沉积物的花岗岩。

罗干(Rokan)矿集区：与穹隆状花岗岩体有关，在风化侵蚀作用下，锡从该花岗岩体解离出来，经过再分配最终进入第三纪和第四纪沉积物中。锡的物源是侵入到MSTZ边缘的打巴奴里群的Rokan-Siabu似花岗岩套，云英岩、石英脉和冲积型锡矿点与这些似花岗岩类有关。矿化花岗岩体的顶部在新近纪由于块断运动而遭受剥蚀。

开斯(Kais)矿集区：位于阿拉斯(MSTZ Alas)谷，苏门答腊断裂带以西的二叠纪—三叠纪花岗深成岩体发育有交代成因的穹隆(Cameron et al,1982a)，并在一个平移断裂幕期间就位形成。片状白云母-黑云母似花岗岩深成岩体(Ketambe岩体和上Sempali岩体)和开斯侵入杂岩体被认为是开斯矿集区冲积型锡矿的物源(Johari,1988)，从对二者的野外描述看，其均与出现在MSTZ其他地区的重熔花岗岩类相似。

2. 廖内群岛-邦加勿里洞锡矿成矿带

东南亚锡矿带印度尼西亚段大部分有经济效益的锡矿化位于廖内群岛、邦加岛和勿里洞岛，一条不规则的锡矿前缘将矿化过铝质含锡花岗岩类与未矿化偏铅花岗岩类分开。

在邦加岛上，花岗岩类就位于前陆盆地沉积物中(Tempilang砂岩)，这些沉积物不整合地覆于由石炭系—二叠系帕利马组(Pemali)叠瓦状沉积物和变质火山岩组成的增生杂岩体上。在勿里洞岛上，从(以前)主要用来开采锡矿的地下矿井中可以发现，增生杂岩出露在发生褶皱的三叠纪沉积岩之下。含锡花岗岩类在220~200Ma后碰撞运动达到顶峰时就位。锡(钨)矿化与巨晶结构过铝质钾长石花岗岩类中后两期的花岗岩类组构变异体有关。

邦加岛的锡和钨矿产于云英岩中，以块状交代矿床、细脉状或单脉状矿床产于帕马利矿区。该花岗岩侵位期间为211Ma，在碰撞后的漫长地质历程中，缓慢冷却的岩浆侵入体提供了形成锡矿的优越成矿条件。

原生锡矿床已经产生了许多陆上和近海冲积型矿床，包括科巴锡业公司(Koba Tin)和Cebia，印度尼西亚大部分的锡矿都产自这里。它们中大多数属于古冲积型矿床。

3. 西苏门答腊岩浆弧带

西苏门答腊岛的锡矿来源于西苏门答腊岛的一个岩浆弧，这一时期对应于印度尼西亚造山运动的后碰撞阶段。

锡矿分布在两个地方：①斯俊窨(Sijunjung)黑云花岗岩区，与主山脉省(Main Range)花岗岩具相似性；②实武牙(Sibolga)杂岩体，与马来西亚半岛东部省(Eastern Province)的花岗岩相似。

矿床主要为冲积型锡矿。

5.4 矿床共生组合规律

1. 贵金属和有色金属矿床共生

研究区贵金属(金、银)和有色金属(铜、铅、锌)矿床常共生于同一成矿带中。矿床类型组合上表现为浸染-斑岩型矿床、接触交代-矽卡岩型矿床、浅成低温热液型矿床及火山喷气沉积型块状硫化物矿床的组合产出。

西苏门答腊的辛卡拉矿田是一个多金属成矿带，主要分布的矿床有辛卡拉贱金属矿、迪亚塔斯湖贱金属矿、巴吉布拉提斯金矿、萨里达金矿、廷布兰铜矿、苏利特河铜矿。

在麻拉西邦基矿集区，有矽卡岩型金矿、铜、铅锌矿共生，矿体呈浸染状，发育铁帽，周边还有冲积型金矿。塔帕土安(Tapaktuan)和巴哈洛(Babahrot)矿集区为块状火山喷流型含金磁铁矿和硫化物矿床，在其周边还形成冲积型金矿。

纳塔尔矿集区的金和含铜硫化物分布在岩基与硅化的变质火山岩接触带中，在其附近还形成冲积型金矿；唐塞斑岩型铜（钼）矿床中金的含量相当高；阿邦金矿中金矿化和银矿共生；锡哈约金矿中伴生有黄铁矿、毒砂和辉锑矿。

2. 锡与钨、铅锌矿、稀土矿共生，砂锡矿与砂金共生

(1) 苏门答腊岛锡矿来源于含锡花岗岩，锡矿带中锡钨普遍共生或伴生，如实武牙矿集区的砂锡矿中钨锡矿共生，锡岛中的 Singkep 矿集区、Bintan Kundur 矿集区锡矿与锡钨共生。

(2) 锡矿与铅锌矿共生产出，如勿里洞岛的铅锌矿中发育锡矿化。

(3) 共生或伴生有稀土矿的矿床有：Berhala 锡矿体中独居石、磷钇矿、有钠长石化二云花岗岩地段则往往有铌钽铁矿共（伴）生，特别是锡岛一带普遍有铌钽铁矿与锡石共生的现象。加巴（Garba）矿集区的锡石与含铈独居石冲积型矿床共生。哈塔邦锡矿中伴生有含铈独居石。

(4) 与砂金共生的矿床有：罗干矿集区的砂锡矿中伴生有砂金，还伴生有金刚石，这些金刚石可能来自达班努里群的风化物；地尕布鲁山矿集区具有开采小型冲积型锡矿床的潜力，同时伴随少量的砂金矿产出。

6 成矿远景预测

6.1 找矿标志

根据区内矿床和矿点的地质地球化学特征及主要控矿因素,确定出工作区最具找矿前景的目标矿种为金(银)、铜、铅锌、锡、铁等。主要的矿床类型为低温热液型金矿、砂金矿、斑岩型铜(金)矿、矽卡岩型铜矿、MVT 型铅锌矿、矽卡岩型铅锌矿、原生锡矿和砂锡矿。根据典型矿床(点)解剖及区域成矿规律的研究,结合区内地质、物探、化探、遥感特征(简称地、物、化、遥特征),初步确定了研究区的区域找矿标志。

6.1.1 直接找矿标志

1. 矿化和蚀变露头

苏门答腊岛植被茂密,风化强烈,覆盖厚,露头差。一些自然和人工剥露地段,特别是沟谷和新修道路,可发现直接的硫化物蚀变带和矿化露头,这种露头是矿床存在的最直接依据。本次研究工作通过路线地质调查在沙哇伦多—辛卡拉湖一带地区发现了含黄铁矿硫化物石英脉自然露头和含孔雀石的铜矿化的人工露头,初步确定了金矿化和铜矿化的存在。

2. 铁帽

研究区属于风化作用较强烈的地区,区内金(铜)矿点多伴生有 Cu、Fe、Pb、Zn 硫化物矿化组合,暴露于地表的矿化体风化以褐铁矿为主,并伴有铜氧化物的铁帽,是寻找矿化露头的直接标志,在巴东地区的苏里安矿区可见指示矿化体的铁帽分布(图 6-1)。

3. 古采坑

古采坑或古冶炼遗址实际上是矿体出露区或人工露头,是指示矿床分布的重要标志,往往代表矿化较富集的地方。本区几个重要的矿点已发现有古采坑或古采遗址,如明古鲁的勒邦矿区、西苏门答腊曼尕尼矿区现在仍有民采金,直接表明了含金矿脉的存在。

6.1.2 间接找矿标志

1. 构造标志

在苏门答腊岛,火山岛弧内岩浆活动既有大规模钙碱性、中酸性的岩浆喷出活动,又有不同规模和层次的侵入活动。区内分布的浅成低温热液金矿化与这些岩浆活动密切有关。

苏门答腊岛区主体为北西向构造带,在中中新世晚期—上新世时,形成巴里散山脉。沿整个山脉出现了一个连锁状的深切峡谷系,为苏门答腊断裂系西段(亦称巴里散断裂系)。苏门答腊断裂系北西-南

图 6-1 苏里安铅锌矿的铁帽露头

东向延伸,为一右行平移断裂带。苏门答腊构造带在燕山运动形成雏形,伴有火山活动;喜马拉雅运动得以加强和定形,产生巨厚的新生代沉积和火山喷发活动。近代火山沿断裂带密集分布。金、铜、铅、锌等矿床(点)多分布于苏门答腊断裂系的两侧。

在苏门答腊岛中部的梅迪亚(中央)苏门答腊构造带分布有印支期成矿作用形成的锡矿。

2. 岩性标志

研究区主要矿化类型都对应特定的含矿岩系,具有一定的成矿专属性,这些含矿岩石是找矿的有利岩性标志。S型含锡花岗岩类是锡(钨)矿的含矿岩石,邦加岛的锡和钨矿产于云英岩中,罗干锡矿的锡来源于S型的花岗闪长岩、哈塔邦、加巴山等锡矿,均来源于S型花岗岩;中新世后的岛弧型中酸性岩控制着铜金矿床的分布,如唐塞斑岩型铜矿产于石英闪长岩成分的多期斑岩岩筒中。

3. 蚀变标志

在低温热液型金矿中,发育角砾岩化、硅化、绢云母化黄铁矿化等矿化蚀变现象。在勒邦金矿,网脉状石英胶结的角砾岩矿体沿剪切带分布,在矿化角砾岩1~2m范围内存在着典型的硅化现象,在矿化周围15~20m范围之内,绢云母化、黄铁矿化、伊利石化和伊利石-蒙脱石化(互层)为主要蚀变现象。

马塔比金矿主要有硅化、角砾岩化、黄铁矿化等蚀变现象,矿区分布大量多孔状—块状的石英,几何形态呈扁平状。石英带被石英、二重高岭土、明矾石包围,向外递变为石英-伊利石和外围的泥质蚀变带。

斑岩型铜矿蚀变特征是:一般蚀变范围越大,分带性越好,矿床规模越大,与酸性—中酸性岩体有关的矿床,工业矿体主要赋存在蚀变绢云母化带中。

矿区岩石蚀变较强烈,具斑岩型铜矿床蚀变特征,类型主要有黑云母化蚀变、绿泥石—绿帘石蚀变、绢云母-绿泥石-石英蚀变、石英-绢云母蚀变、石英-绢云母-红柱石蚀变。

4. 矿物学标志

工作区几类主要的矿床类型矿物组合表现出明显的差异,根据矿石矿物组合可以确定不同的矿床类型和矿种,并可依据矿物组合的强度判断矿化的强弱。

低温热液低硫型金矿矿石矿物组合为黄铁矿、黄铜矿、方铅矿(贱金属硫化物都较常见,占比 99% 以上)、银金矿(为含金矿物相,含金银矿物占所有金属矿物的比例不到 1%),在单个角砾岩样品中,所有贱金属硫化物都较常见,但各种矿物的比例变化很大。主要特征是以冰长石-绢云母的蚀变矿物组合。

低温热液高硫型金矿的矿石矿物组合为硫砷铜矿(铜硫化砷),含少量铜蓝(硫化铜)、自然金、黄铁矿、赤铁矿、白铁矿、硫砷银矿(银硫化砷)以及深红银矿(银硫化锑铜品位相对较低,很少超过 0.2% 的铜)。金呈细粒且相当均匀地在角砾岩内分布,但硅化程度越强品位越高。最主要的特征是高硫相矿物的出现(如硫砷铜矿和锑硫砷铜矿)和酸性硫酸盐蚀变组合(石英、明矾石、高岭石、叶蜡石)。

5. 地球化学标志

在表生地球化学条件下,Au、As、Sb、Hg 复合异常是指示浅成低温热液型金矿存在的最佳有效异常。其分散流异常可作为找矿的远景区段,尤其是 Au、As、Sb、Hg 异常套合好、丰值高、浓度梯度大的异常最具找矿意义。

区域上沿巴里散山脉的岛弧带,Cu、Pb、Zn、Ni 等元素呈强异常、高背景分布,大量发育酸性—中酸性岩浆岩、新生代火山岩,并分布有碳酸盐类岩石,是斑岩型、矽卡岩型矿床的成矿有利地段。W、Sn 呈高背景、高含量分布,有大片强高值异常区,是钨(锡)矿的有利区域。

6.2 成矿远景预测

6.2.1 预测思路

研究区主要的找矿类型为火山岩型的低温热液型金矿、砂金矿、斑岩型铜(钼)矿、矽卡岩型铜矿、MVT 型铅锌矿、矽卡岩型铅锌矿、与 S 型花岗岩有关的锡(钨)和砂锡矿,次要类型为矽卡岩型及热液型的铁矿等。

根据研究区主要矿床类型、矿产分布规律,远景区预测主要基于以下原则。

(1)成矿地质条件有利地段:位于区域主要成矿带上,处于区域主要构造岩浆带及其交会部位,以及与主构造岩浆活动带相关的次级构造上。

(2)矿集区、矿(化)点集中分布区:现有矿产勘查工作已发现多处矿床(点)和矿化点,并已发现有具找矿前景的矿点或有价值的找矿信息。

(3)有利含矿岩系:低变质火山沉积岩系、蚀变的火山岩出露地区。

(4)化探综合异常分布区:已有的水系沉积物调查工作反映具有明显的 Au、Ag、Cu、Fe、Pb、Zn、As、Sb 等成矿元素和相关元素地球化学异常存在的地区。

6.2.2 成矿远景预测

根据上述预测思路和预测原则,在研究区圈定 4 个 A 类远景区和 4 个 B 类远景区(附图)。

1. 实武牙-纳塔尔-帕亚孔布金铜铅锌成矿远景区(A_1)

远景区位于研究区北部的北苏门答腊省实武牙地区、纳塔尔地区到西苏门答腊省的帕亚孔布地区,地理坐标：东经98°44′—100°41′，北纬1°40′—南纬0°20′，面积20 873km²。

远景区处于苏门答腊岛铜金铅锌成矿带的北段，区内主要构造为苏门答腊断裂带，构造方向为北西方向，远景区属于西苏门答腊地体。岩石地层为石炭纪—古近纪、新近纪的变质岩和沉积岩，沿断裂带出露二叠纪—新近纪的中—中酸性侵入岩、古近纪—第四纪的火山岩，在曼加尼附近出露有蛇绿岩。1:25万水系沉积物调查显示远景区位于Au、Ni、Cr、Cu、Sb、Pb、Zn、Ag、As高背景区，发育HS-2、HS-3组合异常，沿苏门答腊断裂带分布，呈北西向带状展布，以Cu、Ni元素为浓集中心，多元素异常叠加较好，具有较好的分带性。

远景区成矿作用主要与北西向的断裂带、火山沉积作用和中酸性岩浆热液作用有关，主要矿化类型的矿床有低温热液型金银矿、沉积型金矿、矽卡岩型金矿、矽卡岩型铅锌矿、矽卡岩型铜矿、铁帽型铁矿和砂金。已发现各类金属矿床几十处，砂金矿点星罗棋布。目前该区已发现大型金银矿，如马塔比金银矿，麻拉西邦基金、铜、铅锌矿床的矿集区，那塔尔矿集区铜锌矿、金矿点，卢布西卡平金矿，曼加尼金银矿等矿化强度较高且有一定矿化规模的矿床（点）均位于该区。

综合该区成矿地质条件及地球化学特征，该区具有很好的金、银、铜、铅、锌等矿产的找矿前景，为A类远景区。

2. 辛卡拉湖-葛林芝火山金银铜铅锌铁成矿远景区（A_2）

远景区位于研究区中部的西苏门答腊省辛卡拉湖地区到葛林芝火山以北地区，地理坐标：东经100°24′—101°53′，南纬0°21′—1°52′，面积18 738km²。

远景区处于苏门答腊铜金铅锌成矿带的北段，区域内主要构造为北西向的苏门答腊断裂带及次生断层，远景区属于西苏门答腊地体。出露岩石有石炭纪和二叠纪的灰岩、二叠纪的碎屑沉积岩和变质岩、二叠纪的火山岩、古近纪—第四纪的火山岩。与成矿有关的侵入岩有侏罗纪—白垩纪的花岗岩和花岗闪长岩等，还零星出露蛇纹石杂岩。

1:25万水系沉积物调查显示远景区发育有HS-5、HS-6、HS-7、HS-8异常及主要组合异常$HS7_{甲2-2}$、$HS10_{Z1}$、$HS13_{Z2}$和$HS9_{丙}$，异常元素主要为热液型硫化物元素，各异常元素组合复杂，规模大，异常套合好。其中，HS7异常为以Au、Cu元素为主的贵金属元素异常，Au、Cu元素异常浓集中心明显，异常区发现了多处铜、铁、金矿点；HS10异常以Au元素异常为主，伴有中高温热液元素异常，野外调查时发现多处淘砂金点。

远景区主要矿床包括辛卡拉克贱金属矿、迪亚塔斯湖贱金属矿、巴吉布拉特金矿、萨立达（Salida）金矿、廷布兰（Timbulan）铜矿，这是一条北西—北东向分布的Cu-Au(Ag)-Pb(Zn)-Cr-Co(Ni)地球化学异常带。矿区铜矿化类型包括斑岩型、矽卡岩型、石英脉型（低温热液交代）。矿床成因可能与侵入活动以及苏门答腊大断裂带和东巴里散断裂带（EBFZ）热溶液活动有关。

通过元素组合特征及异常检查结果分析，初步推断该区域内成矿物质主要来源于岩浆岩及深大断裂含矿热液的带入，断裂构造及岩浆活动为成矿物质的富集提供了动力条件，次级断裂、接触带是较好的导矿、容矿部位，已发现的铜、铁、金矿多位于接触带及断裂裂隙中。该远景区具有较好的金、银、铜、铅、锌等多金属矿床的找矿前景，是调查区内找矿前景极好的A类远景区。

3. 明古鲁北勒邦金银铜成矿远景区（A_3）

远景区位于研究区中部明古鲁省明古鲁市以北的勒邦地区及占碑省西南邦科地区、卢布林高地区，地理坐标：东经101°15′—103°34′，南纬2°3′—3°49′，面积26 945km²。

远景区处于苏门答腊铜金铅锌成矿带的中段，区域的主要构造为苏门答腊断裂带及次生断裂，远景区属于西苏门答腊地体。区域岩石有侏罗纪—第四系的碎屑沉积岩和变质岩、古近纪—新近纪—第四系的火山岩及白垩纪—古近纪的侵入岩。1:25万水系沉积物调查显示远景区发育有HS-11、HS-12、HS-13组合异常，HS-12异常呈北西向带状沿苏门答腊断裂展布。

远景区成矿期主要为喜马拉雅成矿期，主要与北西向的断裂带、火山沉积作用和中酸性岩浆热液作用有关；主要矿化类型矿床有低温热液型金银矿、矽卡岩型铜矿和砂金矿；已发现各类金属矿床几十处。目前该区已发现中—大型勒邦金银矿集区，具体为勒邦丹代、勒邦苏利特、坦邦萨瓦、勒邦多诺克和勒邦辛旁，中型金矿穆西拉瓦士金矿，还有多处砂金矿点及铁矿点。在勒邦地区还发现有规模较小的矽卡岩型铜金矿床2处。

综合该区成矿地质条件及地球化学特征，该区具有很好的金、银、铜等矿产的找矿前景，为A类远景区。

4. 兰瑙湖-楠榜金银铁成矿区远景区（A_4）

远景区位于研究区北部楠榜省西南部的兰瑙湖—班达楠榜地区，地理坐标：东经103°48′—105°51′，南纬4°28′—5°52′，面积17 487km²。

远景区位于苏门答腊铜金铅锌成矿带的最南段，区域的主要构造为苏门答腊断裂带及次生断裂，远景区属于沃伊拉推覆体。区内出露的岩石有前石炭纪的变质岩、古近纪—新近纪的碎屑沉积岩、古近纪—新近纪斑状安山质至玄武质熔岩，部分有矿化现象，第四系火山岩主要为熔岩和凝灰岩。侵入岩为白垩纪和新近纪的花岗岩和闪长岩。1∶25万水系沉积物调查显示远景区发育有HS-18、HS-19组合异常，主要为Cu、Pb、Zn、Mo元素组合异常，Cu元素异常多为单点，个别点强度较高。

远景区成矿作用主要与北西向的断裂带、火山沉积作用和中酸性岩浆热液作用有关；主要矿化类型矿床有低温热液型金银矿和砂金矿；目前该区已发现中型规模的瓦伊林科金银矿、哥打阿贡金矿、楠榜金矿，中小规模的奥卓拉里金银矿群，多处小规模的砂金矿点，在楠榜还有多处小型铁矿。

综合该区成矿地质条件及地球化学特征，该区具有很好的金、银、铁矿产的找矿前景，为A类远景区。

5. 罗干锡成矿远景区（B_1）

远景区位于研究区中部西苏门答腊省帕亚孔布北东的罗干地区，与廖内省相邻，地理坐标：东经100°3′—101°28′，北纬1°8′—南纬0°11′，面积9205km²。

远景区处于梅地亚（中）苏门答腊构造带锡成矿带的北段，区内主要构造为梅地亚（中央）苏门答腊构造带，该带是一条北西-南东向的走滑大断裂，是东、西苏门答腊地体拼合连接的构造带。区内与成矿有关的岩石背景为塔巴奴里群变质沉积岩，相关侵入体为S型含锡的罗干花岗闪长岩、Giti花岗岩、Ulak花岗岩。1∶25万水系沉积物调查显示远景区发育HS-4异常，该异常以Sn、W异常为主，Sn浓集中心明确，分带较好，规模大，As、Ni、Pb元素异常呈零星分布；异常区北西向构造发育；远景区成矿作用主要与S型的含锡花岗岩和北西向的断裂有关，主要矿化类型矿床为与S型花岗岩有关的锡矿床-伟晶岩型锡矿、云英岩型锡矿和砂锡矿。目前该区已发现罗干锡矿集区，有3处中—小规模的砂锡矿床，砂锡矿中含有砂金及钻石，同时在区内发现有小型的铅、锌、银矿床。

综合该区成矿地质条件及地球化学特征，该区具有较好的锡、金等矿产的找矿前景，为B类远景区。

6. 双溪帕努-麻拉布狗-邦科铜金成矿远景区（B_2）

远景区位于研究区中部廖内省双溪帕努到麻拉布狗西南、邦科以西地区，地理坐标：东经100°51′—102°22′，南纬1°20′—2°19′，面积12 556km²。

远景区处于苏门答腊岛铜金铅锌成矿带中段，区内主要构造为北西向的苏门答腊断裂带及其次生断裂。出露的岩石有石炭纪—侏罗纪的碎屑沉积物及变质岩和古近纪—第四系的沉积物，远景区东部出露大片侏罗纪花岗岩和闪长岩（邦科岩体），区内还发育有二叠纪火山岩、新近纪火山岩及第四系的火山岩。1∶25万水系沉积物调查显示远景区发育HS-9、HS-10异常及HS30、SH31、SH32、SH33、SH34、HS35，这些异常显示为Cu、Au、Pb、Zn等多元素组合异常，异常套合较好。

区内成矿作用主要与花岗岩和闪长岩岩体及北西向的断裂有关，区内发现的矿床仅有小规模的铁矿点、砂金矿点及铜矿化点多处。

综合该区成矿地质条件及地球化学特征，该区具有较好的铜、金等矿产的找矿前景，为B类远景区。

7. 明古鲁-兰瑙湖金铜成矿远景区(B_3)

远景区位于研究区中部明古鲁省明古鲁市—兰瑙湖地区，地理坐标：东经102°20′—103°55′，南纬3°41′—5°0′，面积9848km²。

远景区处于苏门答腊铜金铅锌成矿带的南段，紧邻西海岸，区域构造为北西向的苏门答腊断裂带。出露的岩石为古近纪、新近纪及第四纪的沉积物和火山岩，与成矿有关的侵入岩为古近纪的花岗岩和花岗闪长岩。1∶25万水系沉积物调查显示远景区发育HS-14异常，该异常以Cu、Mo、Ni、Zn、As、W等元素组合，异常套合较好。异常沿苏门答腊断裂带分布。

区内成矿作用主要与花岗岩和闪长岩岩体及北西向的苏门答腊断裂有关，区内发现小规模的砂金矿点、钛铁矿砂矿点多处。

综合该区成矿地质条件及地球化学特征，该区具有较好的金、铜等矿产的找矿前景，为B类远景区。

8. 加巴山锡成矿远景区(B_4)

远景区位于研究区北部占碑省巴都拉惹南部的加巴山地区，地理坐标：东经103°41′—104°22′，南纬4°9′—4°46′，面积2467km²。

远景区处于苏门答腊铜金铅锌成矿带的北段，区内主要构造为苏门答腊断裂带形成的北西向次级断裂。区内与成矿有关的岩石背景为变质沉积物、变质火山岩，与成矿有关的侵入体为白垩纪加巴侵入体，主要由杏仁状、斑状玄武岩和安山质熔岩组成。1∶25万水系沉积物调查显示远景区发育HS-17异常，Cu、Ni、W、Mo、Mn元素组合异常，Cu、Ni元素异常浓集中心明显，并且套合好。

远景区成矿作用为晚白垩世的岩浆弧(Sn、Au-Ag)矿化，区内加巴矿群的锡石和独居石来源于加巴岩基燕山期火山岩钟上的片麻岩和伟晶岩。区内有小规模的砂锡矿点。

综合该区成矿地质条件及地球化学特征，该区具有较好的锡、稀土矿等矿产的找矿前景，为B类远景区。

7 结 语

7.1 主要成果

项目组通过4年的研究工作,系统收集了苏门答腊岛和印度尼西亚已有的地、物、化、遥基础资料,各类基础地质图件和部分矿产勘查资料,实地考察了区内主要的矿床(点),采集了一批重要的岩矿石样品,获得了大量的测试数据,在地质构造演化、矿产分布、矿床成因类型、成岩成矿时代及找矿方向取得了较重要进展和发现,全面完成了项目的目标任务。

(1)编制了1∶50万印度尼西亚中苏门答腊岛地质矿产图、地质构造图和成矿规律图,建立了苏门答腊岛地质矿产数据库。

(2)将晚古生代以来苏门答腊火成岩划分出4个岩浆-构造旋回或岩浆活动期次(海西期、印支期、燕山期和喜马拉雅期),并讨论其板块构造背景。研究结果表明:分布于西苏门答腊地体海西期酸性侵入岩属于碰撞后地壳的火山弧I型花岗岩带,其火山岩为大陆拉张带(初始裂谷)中的安山岩-玄武岩系列,而分布在东苏门答腊地体的大多数酸性侵入岩具有S型花岗岩的性质。印支期西苏门答腊地体侵入岩为I型花岗岩,属于火山弧花岗岩。印支期碰撞后板内岩浆活动带(廖内群岛—邦加岛—勿里洞岛)的侵入岩以含锡S型花岗岩为特色。燕山期以后的深成岩-火山岩活动的岩石类型和分布特征受大陆拉张带(初始裂谷)及其相邻的洋岛的控制。燕山早期细碧岩属于陆缘裂谷火山岩。喜马拉雅期火山岩属于陆缘火山弧,其中橄榄玄粗岩落在洋岛玄武岩与洋中脊玄武岩(MORB)交界线附近。

(3)根据苏门答腊火山岩的岩石化学资料,应用PetroGraph和Minpet 2.0岩浆岩地球化学作图软件对60多个中—新生代火山岩岩石化学分析数据进行处理,并对其地球化学-构造环境判别图解进行解释,探讨新生代火山岩盆地及其中生代—古生代基底的火山岩形成构造环境。根据这些判别图,认为苏门答腊新生代火山岩盆地基底为大陆边缘裂谷(初始裂谷),并在渐新世以后转化为大陆边缘火山弧。高钾橄榄玄粗岩系列和埃达克岩与苏门答腊火山岩体系共生,显示该区具有寻找斑岩-低温热液型铜-金矿找矿远景。

(4)根据不同地层系统、沉积古地理、古生物地理区系、岩浆旋回等特征,可将苏门答腊岛划分为两类异地地体:东苏门答腊地体(亲冈瓦纳地体)和西苏门答腊地体(亲华夏地体)。两个不同地体的古地理演化和板块构造运动规律控制了区域金属矿床分布。海西期—印支期金属矿床的形成和分布受控于大陆边缘的火山弧,而燕山期则和裂谷岩浆侵入活动和海底扩张(或地幔隆起)有关。新生代金-银金属矿床沿苏门答腊-巴里散大断裂两侧成带分布,受控于陆缘火山弧的岩浆活动。

(5)总结了东苏门答腊地体和西苏门答腊地体自海西期岩浆旋回以来各自的金属矿产分布特征。海西期东苏门答腊地体以裂陷盆地的层控型铅锌矿为主,而矽卡岩型银、铜和铅锌成矿产于西苏门答腊地体。印支期Sn矿成矿作用主要与S型花岗岩类(220～95Ma)侵入和苏门答腊岛中部的梅迪亚苏门答腊深大断裂走滑活动有关。燕山早期铜-金成矿作用为陆缘夭折古裂谷和岛弧环境。燕山晚期为弧-陆碰撞的火山弧的锡、金-银成矿作用。喜马拉雅期发育的岩浆弧金-银成矿与苏门答腊深大断裂活动和巴里散构造带有关,归因于印度-澳大利亚洋壳斜向俯冲于苏门答腊岛之下。

(6)对研究区主要金属矿产(金、银、铜、锡、铅、锌、铁等)进行了矿床类型划分,并基本查明了研究区主要矿产成矿地质特征。主要的矿床类型为：浅成热液金矿床（包括高硫型热液金矿、低硫型热液金矿），沉积型金矿，矽卡岩型金矿，砂金，斑岩型铜矿，矽卡岩型铜矿，与S型花岗岩有关的锡矿床、砂锡矿床，MVT型矿床铅锌矿，矽卡岩型铅锌矿，原生铁矿（磁铁矿、赤铁矿）和铁砂矿；对马塔比金矿、勒邦丹代金矿、唐塞铜矿、戴里铅锌矿等典型矿床成矿地质条件和成因类型进行了初步探讨和研究。

（7）通过稳定同位素地球化学和流体包裹体研究，初步探讨了研究低温热液型金矿的成矿流体来源和流体性质，总体而言，研究区内的热液型金矿的成矿温度相对较低，集中在180～210℃，盐度、密度也相对较低，成矿压力平均为 $500×10^5$ Pa，成矿深度平均为1.66km。

从本次研究获得的苏门答腊岛3个矿床的锆石同位素年龄数据可知：唐塞斑岩型铜矿床的成矿时间晚于 $9.41±0.37$ Ma，为晚中新世；马塔比低硫型低温热液金矿床的成矿时间晚于 $4.42±0.17$ Ma，为上新世晚期；勒邦低硫型低温热液金矿床的成矿时间晚于 $0.874±0.068$ Ma，为早更新世。它们都属于更新世巽他-班达岩浆弧活动影响范围。

（8）按照研究区的地质背景、成矿的地质条件，对苏门答腊岛的成矿区带进行了初步划分：Ⅰ级成矿带属于特提斯成矿域，Ⅱ级成矿省（带）为苏门答腊岛铜金铅锌银钼钨锡铁成矿省，Ⅲ级成矿带苏门答腊铜金铅锌成矿带和苏门答腊锡成矿带，苏门答腊锡成矿带划分为梅迪亚（中央）苏门答腊构造带锡矿成矿带和廖内群岛-邦加勿里洞锡成矿带两个Ⅳ级成矿带。同时对成矿带的地质矿产特征进行了总结。

（9）根据已知的矿床分布特点、成矿地质条件和划分的成矿带，对金、铜、铅锌、锡矿、铜多金属等矿产的空间分布规律进行了研究，总结了区域找矿标志，对区域找矿方向进行了探讨，提出了实武牙-纳塔尔-帕亚孔布金铜铅锌成矿远景区、辛卡拉湖-葛林芝火山金银铜铅锌铁成矿远景区、明古鲁北勒邦金银铜成矿远景区、兰瑙湖-楠榜金银铁成矿区远景区4个A类成矿远景区，以及罗干锡成矿远景区、双溪帕努-麻拉布狗-邦科铜金成矿远景区、明古鲁-兰瑙湖金铜成矿远景区、加巴山锡成矿远景区4个B类远景区为区域最有利的找矿地区。

7.2 存在的问题及建议

本次项目研究存在的问题主要如下：

（1）研究区大比例尺的地质资料不多，收集的矿产地资料，部分矿（化）点位置不准确，野外检查时根本不存在或找不到；资料中提到的矿床没有地理坐标，不能标注在地质矿产图上。

（2）在苏门答腊岛现在在开采的金属矿产有金矿、铁矿和铅锌矿。研究区金矿较多，以砂金为主，其点多，规模小。对岩金矿的典型矿山，如马塔比金矿和勒邦金矿，也进行了考察研究，研究较多。而铜矿由于规模小，未见开采，对其研究不足。

（3）较大的典型矿床为矿业公司所有，这些矿区一般资料收集及采样均很困难，深部资料匮乏，对典型矿床的解剖及成矿规律研究带来了较大困难，一定程度上限制了研究的深度和广度。

（4）由于1∶25万化探数据来源于印度尼西亚地质局，对异常没有进一步进行野外踏勘及检查，异常的解释推断只能根据已有的地质资料和元素组合特征进行初步解释，异常的推断结果可能与异常的成因和找矿前景存在一定的差异。

（5）本项目在实施过程中，出国时间基本在年底，加上本国内测年样品及部分同位素样品积压严重，致使样品结果不能按时测试，从而影响了项目的总体进度，影响了项目计划进度。

根据本次工作成果，工作建议如下：

（1）主攻矿种为金、铜、镍、铅、锌及铁。金矿成因类型以低温热液型及次生富集（砂金）矿床为主，铜、铅、锌矿成因类型主要为接触交代型（矽卡岩型）。北西向的断裂是区内的主要控矿构造。

（2）重点加强A类成矿远景预测区的地质工作，进行大比例尺的地质调查，查清区内断裂，对异常区的侵入岩进行详细调查研究，争取找矿突破。

主要参考文献

冯连顺.印度尼西亚苏门答腊 LOGAS 砂金矿床地质特征[J].矿产与地质,1997,11(4):232-235.

高小卫,吴秀荣,杨振强.初论苏门答腊(印尼)的岩浆-构造旋回及其板块-构造背景[J].华南地质与矿产,2013,29(4):259-270.

高小卫,吴秀荣,杨振强.苏门答腊(印度尼西亚)的火山岩及其地球化学-构造环境判别[J].华南地质与矿产,2012,28(2):107-113.

高小卫,吴秀荣,杨振强.苏门答腊岛(印尼)成矿带的岩浆作用和源区及其对比[J].华南地质与矿产,2015,31(2):136-150.

高小卫,吴秀荣,杨振强.苏门答腊岛岩浆旋回中的成矿作用[J].华南地质与矿产,2013,29(4):299-307.

高小卫,吴秀荣,杨振强.巽他古陆核东南边缘新生代埃达克质岩的成因和源区:回顾[J].华南地质与矿产,2015,31(3):225-235.

高小卫,吴秀荣,杨振强.印尼苏门答腊岛地体划分及其区域成矿背景[J].地质通报,2015,34(4):792-801.

赫曼·达曼,哈森·西迪.印度尼西亚地质概况[R],雅加达:印度尼西亚地质家协会,1985.

胡鹏,朱章显,杨振强.爪哇和加里曼丹(印尼)新生代埃达克岩地球化学特征、成因及构造环境对比[J].华南地质与矿产,2015,31(2):125-135.

香港国际资源集团有限公司.国际资源关于 Martabe 金银矿项目 Ramba Joring 矿区的最新矿产资源量报告(2010)[R].香港:香港国际资源集团有限公司,2010.

香港国际资源集团有限公司.国际资源截至二零一二年八月之矿产资源量报表[R].香港:香港国际资源集团有限公司,2012.

向文帅,高小卫,程湘.印尼苏门答腊岛苏利特河铜矿地质特征[J].华南地质与矿产,2014,30(4):361-367.

姚华舟,朱章显,韦延光,等.巽他群岛—新几内亚岛地区地质与矿产[M].北京:地质出版社,2011.

印度尼西亚地质研究与发展中心.苏门答腊岛 1:25 万地质图及说明书(巴东实林泮和实武牙幅、卢布西卡平幅、巴东幅、索洛克幅、占碑幅、穆阿拉布狗幅、双溪珀努和克塔温幅、明古鲁幅、拉哈特幅等)[R].印度尼西亚:印度尼西亚地质研究与发展中心,1981—1995.

印尼矿产资源理事会.苏门答腊岛地球化学数据(1999年第2版)[R].印度尼西亚:印度尼西亚资源理事会,1999.

朱章显,杨振强.巴布亚新几内亚新生代两类埃达克岩的构造环境意义[J].华南地质与矿产,2007,23(2):1-6.

朱章显,杨振强,胡鹏.印尼苏门答腊岛巴东地区埃达克质岩地球化学特征和构造环境意义[J].中国矿业,2014,23(8):92-99,109.

朱章显,赵财胜,杨振强.苏拉威西埃达克岩、类埃达克岩分布和特征[J].吉林大学学报(地球科学版),2009,39(1):80-88.

Aspden J K, Katawa W, Aldiss D T, et al. The geology of the Padangsidempuan and Sibolga Quadrangle (0617 and 0717), Sumatra, Scale 1 : 250 000[M]. Geological Survey of Indonesia, Directorate of Mineral Resources, Geological Research and Development Centre, Bandung, 1982.

Barber A J, Crow M J, De Smet M E M. Tectonic evolution[C]//Barber A J, Crow M J, Milsom J S. Sumatra: Geology, Resources and Tectonic Evolution[J]. Geological Society London Memoir, 2005, 31: 234-259.

Barber A J, Crow M J. Pre-Tertiary stratigraphy[C]//Barker A J, Crow M J, Milsom J S. Sumatra: Geology, Resources and Tectonics[J]. Geological Society, London, Memoir, 2005, 31: 25-35.

Barber A J, Crow M J, Milsom J S. Sumatra: Geology, Resources and Tectonic Evolution[M]. London: Published by The Geological Society, 2005.

Barker A J, Crow M J, Milsom J S(eds), Sumatra: Geology, Resources and Tectonics[J]. Geological Society London Memoir, 2005, 31:54-62.

Barker A J, Crow M J. Evaluation of Plate Tectonic models for the development of Sumatra[J]. Gondwanan Research, 2003, 20:1-28.

Barley M E, Rak P, Wyman D. Tectonic controls on magmatic-hydrothemal gold mineralization in the magmatic of SE Asia[M]. // Blundell D J, Neubauer F and von Quadt A(eds). The Timing and Location of Major Deposits in a Evolving Orogen[J]. Geological Society London(special publication), 2002, 204:39-47.

Beddoe Stephens B, Shepherd T J, Bowles J F W, et al. Gold Mineralization and Skarn Development near Muara Sipongi West Sumatra, Indonesia[J]. Economic Geology, 1987, 82:1732-1749.

Behre Dolbear Australia Pty Limited. Independent Technical Review-Martabe Gold-Silver Project[R]. Australia: Behre Dolbear Australia Pty Limited, 2009

Bellon H, Maury R C, Sutano Soeria-Atmadia R, et al. 65 m. y.-long magmatic activity in Sumatra (Indonesia) from Palaeocene to Recent[J]. Bulletin de la Societe geologique de France, 2004, 175:61-72.

Bennett J D, Bridge D Mc C, Cameron N R. The geology of the Calang Quadrangle Sumatra(1: 250 000)[R]. Centre, Bandung: Geological Research and Development, 1981.

Bronto Sutopo. The Martabe Au-Ag High-sulfidation Epithermal Deposits, Sumatra, Indonesia: Implications for Ore Genesis and Exploration[D]. Australia: University of Tasmania, 2013.

Clarke M C G, Beddoe-Stephens B. Geochemistry, mineralogy and plate-tectonic setting of a Late Cretaceous Sn-W Granite from Sumatra, Indonesia[J]. Mineralogical Magazine, 1987, 51:371-387.

Crow M J, Pre-tertiary volcanic rocks[M]. In: Barker A J, Crow M J, Milsom J S(eds). Sumatra: Geology, Resources and Tectonics[J]. Geological Society London Memoir, 2005, 31:63-86.

Crow M J, Van Leeuwen T M. Metallic mineral deposits[M]. //Barker A J, Crow M J, Milsom J S (eds). Sumatra: Geology, Resources and Tectonics[J]. Geological Society London Memoir, 2005, 31:147-174.

Crow M J, Van Leeuwen T M. Metallic mineral deposits[M]//In: Barber A J, Crow M J and Milsom J S (eds.). Sumatra: Geology, Resources and Tectonic[J]. Geological Society London Memoir, 2005, 31: 234-259.

Crow M J. Tertiary volcanicity[M]. In: Barker A J, Crow M J, Milsom J S (eds). Sumatra: Geology, Resources and Tectonics[J]. Geological Society London Memoir,2005,31:98-119.

Fontaine H, Gafoer S (eds). The Pre-Tertiary Fossils of Sumatra and their Environment[M]. Bangkok:CCOP Technical Paper, United Nations, 1989.

Fontaine H, Gafoer S. The Pre-Tertiary Fossils of Sumatra and their Environments[M]. Bangkok: CCOP Technical Papers, United Nations, 1989, 19: 59-69.

Gasparon M, Varne R. Sumatran Granitoids and their relationship to Southeast Asian terranes [J]. Tectonophysics, 1995,251: 277-299.

Gorton M P, Schandl E S. From continents to island arcs: a geochemical index of tectonic setting for arc-related and within-plate felsic to intermediate volcanic rocks[J]. Canadian Mineralogist, 2000, 38(5):1065-1073.

Hahn L, Weber H S. The Structure system of West Central Sumatra[J]. Geologisches Iahrbuch, 1981, B47:21-39.

Hutchison C S. Gondwana and Cathaysian blocks, Palaeotethys sutures and Cenozoic tectonics in Southeast Asia[M]. New York: Offord University Press, 1994.

Hutchison C S. Gondwana and Cathaysian blocks,Palaeotethys sutures and Cenozoic tectonics in Southeast Asia[J]. Geologische Rundschau, 1994, 83(2):388-405.

Ian A Taylor. A Technical Report on Exploration and Resource Estimation of the Miwah Project, Sumatra, Indonesia[R]. East Asia Minerals Corporation,2011.

Imtihanah. Isotopic dating of igneous of the Sumatra Fault System[D]. M. Philthesis, London University, 2000.

Imtihanah. Isotopic dating of igneous sequences of the Sumatra Fault System[D]. London University, 2000.

Jica Report on the cooperative mineral exploration of Sumatra, Consolidated Report[R]. Japan: Japan International Cooperation Agency, Metal Mining Agency of Japan, 1987.

Kanao N,et al. Summary Report on the Survey of Sumatra, Block No. 5[J]. Bull. N. I. G. M., 1971, 2: 29-31.

Koning T, Damono. The geology of the Beruk Northeast Field, Central Sumatra: Oil production from Pre-Tertiary basement rocks[M]. // production of the Indonesian Petroleum Association[C]. 13th Annual Convention Jakarta,1984: 385-406.

Levet B, Jones M L,Sutopo B. The Martabe gold project,Sumatra, Indonesia[C]. // Paper presented at SMEDG-AIG Symposium 2003[A]. Sydney:Asian update on mineral exploration and development,2003.

Maulana A. Petrology, Geochemistry and Metamorphic Evolution of South Sulawesi Basement Rock Complexes,Indonesia[D]. Canberra :The Australian National University,2009:1-89.

Mc Court W J, Cobbing E J. The Geochemistry, geochronology and tectonic setting of granitoid rocks from southern Sumatra, Indonesia[R]. Southern Sumatra Geological and Mineral Exploration Project. Project Report Series,No. 9. Directorate of Mineral Resources/ Geological Research and Development Centre, Bandung, Indonesia, 1993.

Metcalfe I. Conodont faunas, age and correlation of the Alas Formation(Carbonniferous), Sumatra[J]. Geological Magazine, 1983, 120:579-586.

Pulungono A S, Agus Haryo, Kosuma C G. Pre-Tertiary and Tertiary fault system as a framework of the South Sumatra Basin:a Study of SAR-map[M]. // Indonesian Petroleum Association, Proccedings of the 21st Annul Convention Jakarta,1992, 1: 338-360.

Rigby J F. Upper Paleozoic floras of SE Asia[C]//Hall R, Holloway J D. Biogeography and Geological Evolution of SE Asia. Leiden(The Netherlands): Back Buys Publ. , 1998: 73 - 82.

Rock N M S, Aldiss D T, Aspden J A, et al. The Geology of the Lubuksikaping Quadrangle (0716). Sumatra Scale 1 : 250 000[M]. Geological Survey of Indonesia, Directorate of Mineral Resources, Geological Research and Development Centre, Bandung,1983.

Rock N M S, Aldiss D T, Aspden J A, et al. The Geology of the Lubuk Sikaping Quadrangle (0716) Sumatra, scale 1 : 250 000[J]. Geological Research and Development Centre, Bandung. 1983.

Sato K. K - Ar ages of granitoids in Central Sumatra, Indonesia[J]. Bulletin Geological Survey of Japan,1991, 42:111 - 181.

Schwartz M O, Surjono. The Pemalitin deposit, Bangka, Indonesia[J]. Mineralum Deposita, 1991, 26: 18 - 25.

Schwartz M. Tin - Bearing and Tin - Barren Granites, Primary Tin Mineralization in Indonesia [M]. Bundesanstalt fur Geowissenschaften und Rohastoffe, Hannover, 1987:1 - 15.

Silitonga P H,Kasowa D. The geological map of the Solok Quadrangle (5/VIII), Sumatra, Scale 1 : 250 000[M]. Geological Survey of Indonesia, Ministry of Mines, Bandung,1975.

Sukirnos Djaswadi . Prospects of Base Metal Minerals in Indonesia(Rexised Edition)[M],Bandung:Centre for Geo - resources Geological Agency,2006.

Sun S S and Mc Donough W F. Chemical and isotopic systematics of oceanic basalts: implications for mantle composition and processes // in: Saunders A D, Norry M J(eds), Magmatism in the ocean basins[M]. Geological Society, London, Special Publication, 1989, 42: 313 - 345.

Theo M, Van Leeuwen,Richard Taylor. The Geology of the Tangse Porphyry Copper - Molybdenum Prospect, Aceh, Indonesia[J]. Economic Geology,1987,82:27 - 42.

Van Bemmelen R W. The Geology of Indonesia[M]//Martinus Nijhoff, The Hague, Netherlands, 1949.

Van Leeuwen T M. 25 years of mineral exploration and discovery in Indonesia[J]. Journal of Geochemical Exploration,1994, 50, 13 - 90.

Warren Hamil. Ton. Tectinics of the Indonesian Region[C]. Washington:United States Government Printing Office,1979.

Zen M T. Structural Origin of Lake Singkarak in Central Sumatra Internet(Internal Material).

Zulkarnain I. Geochemical evidence of island - arc origin for Sumatra Island: a new perspective based on volcanic rocks in Lampung Province, Indonesia[J]. Jurnal Geologi Indonesia, 2011,6(4): 213 - 225.

Zulkarnain I. Geochemical Signature of Mesozoic Volcanic and Granitic Rocks in Madina Regency Area, North Sumatra,Indonesia, and its Tectonic Implication[J]. Indonesian Journal on Geoscience, 2009, 14(2):117 - 131.

附 录

印度尼西亚共和国矿业法(2009年第4号)[①]

第一章 一般性条款

第1条 (1)矿产开采指的是矿产或煤炭资源的调查研究、经营管理以及开采利用的所有阶段或部分阶段,其中应包括:普查、踏勘、可行性研究、建设工程、开采、加工处理和精炼、运输与销售以及后期的各类开采活动。

(2)矿物指的是在自然界中形成的无机化合物,这类无机化合物具有特定的物理属性及化学属性,有其特定的、形成矿石(组合形态或是松散形态)的晶体结构或组合结构。

(3)煤炭指的是植物残余在自然过程中形成的有机碳化合沉积物。

(4)矿产开采指的是除地热资源、石油、天然气以及地下水资源以外的、以矿石或岩石形式存在的各类矿产(物)的开采。

(5)煤炭开采指的是位于土地内的含碳沉积物的开采,其中包括:固体沥青、泥炭(煤)以及沥青岩。

(6)矿产开采业务指的是矿产或是煤炭资源调查研究、经营管理以及开采利用过程中发生的各类活动,其中应包括:踏勘、普查、可行性研究、建设工程、开采、加工处理以及精炼、运输及销售以及后期的各类开采活动。

(7)开采许可证(简称IUP)指的是允许进行矿产开采活动的许可证。

(8)勘探许可证指的是为执行普查、勘探以及可行性研究活动而颁发的商业许可证。

(9)矿业生产经营许可证指的是在开采勘探许可证完成之后,为各类生产经营活动的实施而颁发的行业许可证。

(10)民采许可证(简称IPR)指的是允许以有限的面积和有限的投资规模,在民采区内从事开采业务的许可证。

(11)特殊开采许可证(简称IUPK)指的是允许在特殊矿业许可区域内进行开采活动的许可证。

(12)特殊矿业勘探许可证指的是为了在特殊矿业许可区域内执行普查、勘探以及可行性研究活动而颁发的行业许可证。

(13)特殊矿业生产经营许可证指的是在特殊矿业勘探许可证完成之后,为在特殊矿业许可区域内从事各类生产经营活动而颁发的行业许可证。

---

① 该法律中:1英里=1609.344m;涉及主要单位换算为:1公顷=10 000m²;1元(人民币)=1928.8979印尼盾。

(14)普查指的是旨在获得区域地质状况和矿化存在的迹象的各类矿产开采活动的相应阶段。

(15)勘探指的是旨在发现和获得有关矿物质的地理位置、形状、尺寸、分布状况、品质及测量数据等详细精确数据以及当地社会状况和环境状况信息的各类开采活动的相应阶段。

(16)可行性研究指的是旨在发现和获得各类相关数据及详细信息,从而确定开采业务的经济和技术可行性的各类矿产开采活动的相应阶段,其中包括:环境影响分析和后期开采规划。

(17)生产经营指的是包括建设工程、矿产开采、处理、精炼等各方面的矿产开采活动的相应阶段,其中包括:运输、销售以及符合可行性研究成果规定要求的各类环境影响控制设施。

(18)建设工程指的是建设全部生产经营设施的采矿业的活动,其中包括环境影响控制。

(19)矿产开采属于旨在生产矿物和(或)煤炭及其微量矿物的采矿业活动的一部分。

(20)加工处理及精炼指的是旨在改善矿物和(或)煤炭品质以及旨在使用和获得微量矿物的采矿业活动。

(21)运输指的是把矿物和(或)煤炭从矿区和(或)加工处理及精炼区域输送到发货场(区)的采矿业活动。

(22)销售指的是把开采的煤矿产品或矿物产品销售出去的采矿业活动。

(23)商业实体指的是根据印度尼西亚共和国相关法律成立的、总部位于印度尼西亚共和国的从事矿产开采业务的每个法人实体。

(24)矿产开采服务指的是与采矿业活动相关的支撑服务。

(25)环境影响分析报告(简称 AMDAL)指的是对规划中的业务和(或)活动可能对环境产生的重大而严重的影响进行的一项研究,环境影响研究将用于该业务和(或)活动的决策过程。

(26)复垦指的是在矿产开采期间实施的一系列活动,旨在安排、恢复以及修复环境和生态系统品质,使其能够再一次恢复到原来的功能。

(27)后期开采活动(在下文中称为后期开采业)指的是在开采活动全部或是部分结束之后,旨在根据开采区当地条件恢复当地自然环境以及社会功能而实施的一系列经过良好规划的、系统的、具有可持续性的活动。

(28)社区能力构建指的是旨在提高人民个人能力和集体能力、改善人民生活品质的一系列努力。

(29)矿区(简称 WP)指的是不在政府行政区划边界,该区划构成国家空间规划的一部分,蕴藏矿物和(或)煤炭的区域。

(30)开采区(简称 WUP)指的是开采区中各类信息、数据[如潜产量和(或)地质数据等]已经查明的矿区的一部分。

(31)开采许可区(简称 WIUP)指的是允许矿业许可证的持有人从事矿业活动的区域。

(32)民采区(简称 WPR)指的是开采区中发生群众开采活动的区域部分。

(33)国家保护区(简称 WPN)指的是开采区中出于国家战略利益考虑而保留采矿区的一部分。

(34)特殊矿业开采区(简称 WUPK)指的是开采区中的可开采区域。

(35)特殊矿业许可区(简称 WIUPK)指的是允许特殊矿业许可证的持有人从事开采活动的区域。

(36)中央政府(在下文中统称为政府)指的是掌握印度尼西亚共和国管理权的印度尼西亚共和国的总统,总统的具体管理权依据 1945 年版印度尼西亚共和国宪法的规定执行。

(37)地方政府指的是州长或省长、县长或市长以及作为地方行政管理组成部分的地方机关等。

(38)部长指的是矿产开采及煤矿开采部门中负责管理政务的部长。

第二章　原则和目的

第 2 条　矿产和(或)煤矿开采的管理原则如下:

(1)追求效益、公平以及平衡。
(2)以国家利益为重。
(3)参与式管理、透明管理以及责任可说明性管理。
(4)追求可持续性以及环境友好性。
"可持续发展和环境友好原则"指的是,以一个计划原则的方式整合经济、环境和社会文化,使煤矿企业意识到现在和未来的福利。

第3条 鉴于国家可持续性发展的大前提,矿产及煤炭资源的管理目标制订如下:
(1)确保矿业活动执行和控制的有效性,从而保证矿业活动有效高产并充满竞争力。
(2)确保矿产开采及煤矿开采产生的效益具有可持续性及环境友好性。
(3)确保作为原材料和(或)国内能源需求的矿产及煤炭的可持续供应性。
(4)支持发展国家能力,使国家在国内、地区以及国际竞争中具有更强的竞争能力。
(5)增加当地居民、区域内居民以及国家的收入,并创造就业机会,实现人民福利的最优化。
(6)确保矿产及煤矿矿业活动管理中法律的可靠性及确定性。

第三章 矿产开采及煤矿开采的所有权

第4条 (1)作为不可再生自然资源的矿产和煤炭是国有资产,归国家所有,以保证人民福利的最优利益。
(2)第(1)款中所提及的国家在矿产和煤炭资源上的所有权应由政府和(或)地方政府负责管理。

第5条 (1)出于国家利益,在与印度尼西亚共和国众议院进行协商之后,政府有权制定相关的矿产和(或)煤炭资源政策,优先满足国内利益。
(2)第(1)款中所提及的国家利益可以通过对生产和出口加以控制来实现。
(3)在具体实施第(2)款中所提及的控制时,政府有权确定每个省每个商品每年的具体生产产量。
(4)地方政府应遵守第(3)款中所提及的由政府规定的实际产量。
(5)其他与第(1)款中所提及的矿产和(或)煤炭资源优先满足国内利益相关的条款以及与第(2)款和第(3)款中所提及的生产与出口控制相关的条款应在政府法规中做出相应的规定。

第四章 矿产开采及煤矿开采的经营管理权

第6条 除其他权利之外,政府在矿产开采及煤矿开采的经营管理上还拥有如下权力:
(1)国家政策的制定。
(2)法律法规的制定。
(3)国家标准、指南以及规范的制定。
(4)国家矿产开采及煤矿开采许可系统的建立。
(5)在与地方政府进行协调并与印度尼西亚共和国众议院进行协商之后,确定开采区。
(6)开采许可证的颁发、提供帮助和援助、解决群众冲突、跨省和(或)离海岸线12英里以上的跨洋区开采活动的监督管理。
(7)开采许可证的颁发、提供帮助和援助、解决群众冲突、省内和(或)离海岸线12英里以上的跨洋区开采活动的监督管理。
(8)对开采许可证的颁发、提供帮助和援助、解决群众冲突、将产生跨省直接环境影响的生产经营活动和(或)离海岸线12英里以上的跨洋区生产经营活动进行监督管理。

(9)特殊矿业勘探许可证以及特殊矿业生产经营许可证的颁发。

(10)对由地方政府颁发的、已经造成环境破坏并且缺失良好开采规范的矿业生产经营许可证进行考核评估。

(11)生产政策、市场营销政策、资源利用政策以及保护政策的制定。

(12)协作政策、合伙合作政策以及人民能力构建政策的制定。

(13)矿产开采和煤矿开采商业收入中非税国家收入的制定。

(14)对由地方政府实施的矿产开采和煤矿开采的管理上,给予帮助并加以监督。

(15)在地方性矿产开采法规的编写和制定上给予帮助并加以监督。

(16)编制目录,进行调查研究和勘探,获取矿产和煤炭资源的相关数据和信息,便于特殊矿业开采区和国家保护区的确定。

(17)在国家一级上对地质信息、矿产资源以及煤炭蕴藏信息、矿产开采信息进行管理。

(18)在后期开采复垦上给予帮助并加以监督。

(19)国家级矿产资源及煤炭资源平衡规划的制定。

(20)矿业开采活动附加价值的开发和提高。

(21)提高政府机关、省政府、县政府以及市政府在矿业开采管理上的行政管理能力。

第7条 除其他权利之外,地方政府在矿产开采及煤矿开采的经营管理上还拥有如下权力:

(1)地方性法规的制定。

(2)开采许可证的颁发、提供帮助和援助、解决群众冲突、跨县(市)政府和(或)离海岸线4~12英里范围内的跨洋区开采活动的监督管理。

(3)开采许可证的颁发、提供帮助和援助、解决群众冲突、跨县(市)政府和(或)离海岸线4~12英里范围内的跨洋区生产经营活动的监督管理。

(4)对开采许可证的颁发、提供帮助和援助、解决群众冲突、将产生跨县(市)直接环境影响的开采活动和(或)离海岸线4~12英里范围内的跨洋区开采活动进行监督管理。

(5)在其权力范围内编制目录,进行调查研究和勘探,获取矿产和煤炭资源的相关数据和信息。

(6)在地区(地方)一级上对地质信息、矿产资源和煤炭蕴藏信息、矿产开采信息进行管理。

(7)编写省一级的地区或区域性矿产及煤炭资源平衡规划。

(8)省内商业开采活动附加价值的开发和提高。

(9)把环境保护纳入考虑,发展并提高人民在矿产开采行业中的参与度。

(10)在各自的权力范围内,协调开采区爆炸物的使用许可及监督管理。

(11)向部长及县长(市长)提交有关目录编制成果、普查、调查研究、勘探成果方面的信息和数据。

(12)向部长及县长(市长)提交有关生产成果、国内销售及出口销售成果方面的信息和数据。

(13)在后期开采土地复垦上给予帮助并加以监督。

(14)提高省级政府机关、县政府以及市政府在矿业开采管理上的行政管理能力。

应当严格依照法律法规中相关条款的规定,行使上述(1)~(14)中所提及的省级政府的权力。

第8条 除其他权利之外,县政府(市政府)在矿产开采及煤矿开采的经营管理上还拥有如下权力:

(1)地方性法规的制定。

(2)开采许可证及民采许可证的颁发、提供帮助和援助、解决群众冲突、县(市)范围内和(或)离海岸线4英里范围内开采活动的监督管理。

(3)开采许可证及民采许可证的颁发、提供帮助和援助、解决群众冲突、县(市)范围内和(或)离海岸线4英里范围内生产经营活动的监督管理。

(4)编制目录,进行调查研究和勘探,获取矿产和煤炭资源的相关数据和信息。

(5)在县(市)一级上对地质信息、矿产资源和煤炭蕴藏信息、矿产开采信息进行管理。

(6)编写县(市)级矿产和煤炭资源平衡规划。

(7)把环境保护纳入考虑,发展并提高当地人民在矿产开采行业中的参与度。

(8)矿业业开采活动附加价值和其利益的最优开发及提高。

(9)向部长及省长提交有关目录编制成果、普查、调查研究、勘探成果方面的信息和数据。

(10)向部长及省长提交有关生产成果、国内销售及出口销售成果方面的信息和数据。

(11)在后期开采土地复垦上给予帮助并加以监督。

(12)提高县级(市级)政府机关在矿业开采管理上的行政管理能力。

应当严格依照法律法规中相关条款的规定,行使(1)~(12)中所提及的县级(市级)政府的权力。

第五章 开采区

第一部分 一般性规定

第9条 (1)作为国家空间规划组成部分的开采区应当成为确定各类矿产开采活动的基础。

(2)在与地方政府进行协调并和印度尼西亚共和国众议院进行协商之后,由政府确定第(1)款中所提及的开采区。

第10条 第9条中第(2)款中所提及的开采区的确定,其执行原则为:①其执行必须是透明的、具有参与性且是负责任的;②其执行必须是全面完整,充分考虑各方面的意见,如相关政府机构的意见、人民群众的意见、生态环境因素、经济因素、社会文化因素,并且在环境上具有真知卓见;③其执行必须考虑到地方群众的愿望。

第11条 在开采区的准备上,政府及地方政府应当实施相关的矿产开采勘测、调查和研究。

第12条 其他与第9条、第10条以及第11条中所提及的关于开采区的确定限制、规模以及机制相关的条款应在政府法规中做出相应的规定。

第13条 开采区的组成如下:①特殊矿业开采区;②民采区;③国家保护区。

第二部分 矿业开采区

第14条 (1)在与地方政府进行协商并向印度尼西亚共和国众议院提交书面报告之后,由政府确定具体的特殊矿业开采区。

(2)第(1)款中所提及的协调应当由相应的地方政府根据政府以及地方政府现有的相关数据和信息来进行。

第15条 在第14条第(1)款中所提及的开采区的确定上,政府可以依照相关法律和法规的规定,把它的权力部分授权给省级政府。

第16条 一个特殊矿业开采区应当由一个或多个特殊矿业开采许可区域组成,这些区域可以跨越多个省级、县域(市域)和(或)仅处于一个县域(市域)范围之内。

第17条 在金属和煤炭资源的开采上,特殊矿业开采许可区的规模及其限制应当由政府在其所有权规定基础之上,与地方政府协调后确定。

第18条 在一个矿业开采区内确定一个或多个特殊矿业开采许可区的标准(指标)为:①地理位置;②资源保护法规;③环境保护的能力;④矿产和(或)煤炭资源的优化;⑤实际的人口密度水平。

第19条 其他与第17条中所提及的矿业开采许可区边界和规模的确定程序有关的条款应在政府法规中做出相应的规定。

第三部分 民采区

第 20 条 民采活动应当在群众开采区内进行。

第 21 条 第 20 条中所提及的群众开采区应当由县长(市长)在与县级(市级)立法委员会进行协商之后加以确定。

第 22 条 民开采区的确定标准(指标)如下:
(1)在江河中或是在河岸之间具有次生矿物储量。
(2)金属或是煤炭的原始储量位于最大 25m 的深度。
(3)阶地沉积、洪积平原以及古代河流沉积。
(4)民采区的最大规模(尺寸)不得超过 25 公顷。
(5)申报要开采的矿种。
(6)民采活动进行的区域或是位置至少已经具有 15 年的开采历史。

第 23 条 在确定第 21 条中所提及的民采区时,县长(市长)应当向公众公开通报与民采区规划相关的一切事宜。

第 24 条 应当优先把那些已经被开采,但是尚未被认定为民采区的区域或地点认定为民采区。

第 25 条 其他与第 21 条和第 23 条中所提及的民采区的确定、相关程序以及指南有关的条款应当在政府法规中做出相应的规定。

其他与第 22 条和第 23 条中所提及的民采区的确定机制及其标准有关的条款应当在县级(市级)法规中做出相应的规定。

第四部分 国家保护区

第 27 条 (1)出于国家战略利益的考虑,经印度尼西亚共和国众议院批准,并在充分考虑地方意愿之后,政府有权划定国家保护区,把划定的区域保留用于特定矿产品,以便保持生态系统平衡和环境平衡。

(2)在经印度尼西亚共和国众议院批准之后,可以对第(1)款中所提及的划定用于特定矿产品国家保护区的部分区域进行开采。

(3)为第(1)款中所提及的国家保护区所确定的保护期限必须得到印度尼西亚共和国众议院的批准。

(4)第(2)款以及第(3)款中所提及的可进行开采的区域将转化为特殊矿业开采区。

第 28 条 第 27 条中第(2)款、第(3)款以及第(4)款中所提及的国家保护区的身份转化(即转化为特殊矿业开采区)原则上需要考虑到如下因素:①国内产业以及能源原材料的供给;②国家外汇来源;③以基础设施限制以及相关设施限制为基础的地区性条件;④具有发展成为经济增长中心的潜力;⑤环境保护能力;⑥高技术以及巨额资本投资的利用。

第 29 条 (1)第 24 条第(4)款中所提及的可进行开采的特殊矿业开采区应当由政府在与地方政府进行协调之后加以确定。

(2)第(1)款中所提及的在特殊商业开采区内实施的矿业开采活动应当采用特殊开采许可证的形式来加以实施。

第 30 条 一个特殊矿业开采区应当由一个或多个特殊矿业开采许可区组成,这些区域可以跨越多个省域、县域(市域)和(或)仅处于一个县域(市域)范围之内。

第 31 条 在金属和煤炭资源的开采上,特殊矿业开采许可区的规模和限制应当由政府在其所有权规定以及所拥有的各类信息、数据基础之上,与地方政府协调后确定。

第 32 条 在一个特殊矿业开采区内确定一个或多个特殊矿业开采许可区的标准(指标)如下:①地理位置;②保护法规;③环境保护能力;④矿产和(或)煤炭资源的优化;⑤实际的人口密度水平。

第 33 条 其他与第 31 条和第 32 条中所提及的特殊矿业开采许可区的边界及规模的确定程序有关的条款应在政府法规中做出相应的规定。

第六章 矿业开采

第 34 条 (1)矿业业矿产开采分为:矿物开采以及煤矿开采。

(2)第(1)款中所提及的矿物开采可划分为:放射性矿物开采、金属矿物开采、非金属矿物开采以及岩石开采。

(3)其他与第(2)款中所提及的矿产品的矿物开采分组相关的条款应在政府法规中做出相应的规定。

第 35 条 第 34 条中所提及的矿业矿产开采的实际实施应当具备如下形式:开采许可证、民采许可证、特殊开采许可证。

第七章 开采许可证

第一部分 一般性规定

第 36 条 (1)开采许可证由两个部分组成:①矿业勘探许可证,内容涉及普查、勘探以及可行性研究;②矿业生产经营许可证,内容涉及建设工程、矿产开采、加工处理、精炼以及运输和销售。

(2)矿业勘探许可证以及矿业生产经营许可证的持有人可以实施第(1)款中所提及的全部或部分活动。

第 37 条 开采许可证可以由如下颁发人(机构)进行颁发:

(1)县长(市长),如果矿业开采许可区位于(县市)的管辖区域之内。

(2)省长,如果矿业开采许可区跨越一个省的多个(县市),在此情况下,相应的县长(市长)须依照法律法规的相关规定提交建议书。

(3)部长,如果矿业业开采许可区跨越多个省份,在此情况下,相应的省长以及县长(市长)须依照法律法规的相关规定提交建议书。

第 38 条 开采许可证的颁发对象:商业实体、合作机构以及个人。

第 39 条 (1)第 36 条第(1)款①中所提及的矿业勘探许可证中,至少应当包含如下内容:公司的名称;区域的地理位置以及大小;一般空间规划;履约保证;投资资本;活动阶段的时间长度;开采许可证持有人的权利与义务;活动阶段的有效期限;许可的业务种类;开采区附近居民社区的发展规划以及能力构建规划;纳税计划;争议的解决;固定费用以及勘探费用;环境影响分析报告(AMDAL)。

(2)第 36 条第(1)款①项中所提及的矿业生产经营许可证中,至少应当包含如下内容:公司的名称;面积大小;开采地点;加工处理以及精炼地点;运输和销售;投资资本;开采许可证的有效期限;活动阶段的持续期限;土地问题的解决;环境,其中包括后期开采土地复垦;土地复垦以及后期开采资金;开采许可证的延期;开采许可证持有人的权利与义务;开采区附近居民社区的发展规划以及构建规划;纳税计划;非税国家收入由固定费用和生产费用组成;争议的解决;劳动安全及卫生健康;矿物或煤炭资源的保护;国内商品及服务的使用;良好经济规则及矿产开采工程规范的应用;印度尼西亚劳动工人的素质提高;矿物或煤炭数据的管理;矿物(或煤矿)开采技术的掌握、开发及实施。

第 40 条　(1)第 36 条第(1)款中所提及的开采许可证只能颁发给一种矿物或煤炭。

(2)第(1)款中所提及的开采许可证的持有人如果在其管理的矿业开采许可区内发现其他矿产,那么其将具有优先开采权。

(3)开采许可证的持有人如果计划开采第(2)款中所提及的其他矿产,那么开采许可证持有人应当根据部长、省长、县长(市长)各自的权限向其提交一份新的开采许可证申请书。

(4)第(2)款中所提及的开采许可证的持有人也可以拒绝对其所发现的其他矿产进行开采。

(5)如第(4)款所述,拒绝对其所发现的其他矿产进行开采的开采许可证的持有人应当对这些矿产进行保护,防止其他方非法利用这些矿产。

(6)第(4)款和第(5)款中所提及的其他矿产的开采许可证可以由部长、省长以及县长(市长)根据其各自的权限颁发给另外一方。

开采许可证只能用于许可证中的指定用途,不得有其他用途。

第二部分　矿业勘探许可证

第 42 条　(1)颁发用于金属矿物开采的矿业勘探许可证的最大有效期限可以达到 8 年。

(2)颁发用于非金属矿物开采的矿业勘探许可证的最大有效期限可以达到 3 年,并且颁发用于特定非金属矿物开采的开采业勘探许可证的最大有效期限可以达到 7 年。

(3)颁发用于岩石矿物开采的开采业勘探许可证的最大有效期限可以达到 3 年。

(4)颁发用于煤炭矿物开采的开采业勘探许可证的最大有效期限可以达到 7 年。

第 43 条　(1)对于实施勘探以及可行性研究的情况,获得开挖矿物或开挖煤炭的矿业勘探许可证的持有人应当向开采许可证的颁发人提交相应的报告。

(2)计划销售第(1)款中所提及的矿物或是煤炭的矿业勘探许可证的持有人应当申请临时运输和销售许可证,获得许可证后才可进行货物的运输和销售。

第 44 条　第 43 条第(2)款中所提及的临时许可证可以由部长、省长以及县长(市长)根据其各自的权限进行颁发。

第 45 条　对于第 43 条中所提及的开采矿物或开采煤炭,可以征收相应的生产费用。

第三部分　矿业生产经营许可证

第 46 条　(1)应当保证矿业勘探许可证的所有持有人都能够获得矿业生产经营许可证以便延续其矿业开采活动。

(2)在可行性研究的相关研究成果、数据出来之后,可以按照该金属矿物或煤炭矿物矿业开采许可区的投标结果,把矿业生产经营许可证颁发给商业实体、合作机构或个人。

第 47 条　(1)颁发用于金属矿物开采的矿业生产经营许可证的最大有效期限可以达到 20 年,并且矿业生产经营许可证可以延期两次,每次可延期 10 年。

(2)颁发用于非金属矿物开采的矿业生产经营许可证的最大有效期限可以达到 10 年,并且矿业生产经营许可证可以延期两次,每次可延期 5 年。

(3)颁发用于非特定金属矿物开采的矿业生产经营许可证的最大有效期限可以达到 20 年,并且矿业生产经营许可证可以延期两次,每次可延期 10 年。

(4)颁发用于岩石矿物开采的矿业生产经营许可证的最大有效期限可以达到 5 年,并且矿业生产经营许可证可以延期两次,每次可延期 5 年。

(5)颁发用于煤炭矿物开采的矿业生产经营许可证的最大有效期限可以达到 20 年,并且矿业生产经营许可证可以延期两次,每次可延期10年。

第 48 条 矿业生产经营许可证可以由如下颁发人(机构)进行颁发:

(1)县长(市长),如果开采地点、加工处理和精炼地点以及海港位于县(市)的管辖区域之内。

(2)省长,如果开采地点、加工处理和精炼地点以及海港的地点跨越多个独立的县(市),在此情况下,相应的县长(市长)必须依照法律法规的相关规定提交建议书。

(3)部长,如果开采地点、加工处理和精炼地点以及海港的地点位于另一个省的管辖地域之内,在此情况下,相应的县长(市长)必须依照法律法规的相关规定提交建议书。

第 49 条 其他与第42条中所提及的矿业勘探许可证的颁发程序以及与第46条中所提及的矿业生产经营许可证的颁发程序相关的条款应当在政府法规中做出相应的规定。

第四部分 矿物开采

第一种 放射性矿物开采

第 50 条 从事放射性矿物开采的矿业开采区应当由政府确定,并且矿业开采区的开采活动必须严格按照相关法律法规的规定执行。

第二种 金属矿物开采

第 51 条 从事金属矿物开采的矿业开采许可区应当以招投标的形式授予商业实体、合作机构或个人。

第 52 条 (1)应当授予金属矿物矿业勘探许可证的持有人面积最小不低于5000公顷、最大不超过100 000公顷的矿业开采许可区。

(2)对于已经颁发金属矿物矿业勘探许可证的区域,如果在该区域内发现其他单独的矿物,那么,可以向另外一方颁发相应矿物的开采许可证,进行该矿物的开采。

(3)应当在充分考虑开采许可证第一持有人的意见之后,根据实际情况颁发第(2)款中所提及的开采许可证。

第 53 条 应当授予金属矿物矿业生产经营许可证的持有人最大面积不超过25 000公顷的矿业开采许可区。

第三种 非金属矿物开采

第 54 条 从事非金属矿物开采的矿业开采许可区应当以申请书的形式授予商业实体、合作机构或个人。申请书应当提交给第37条中所提及的许可证的颁发人(机构)。

第 55 条 (1)应当授予非金属矿物矿业勘探许可证的持有人面积最小不低于500公顷、最大不超过25 000公顷的矿业开采许可区。

(2)对于已经颁发非金属矿物矿业勘探许可证的区域,如果在该区域内发现其他单独的矿物,那么可以向另外一方颁发相应矿物的开采许可证,进行该矿物的开采。

(3)应当在充分考虑开采许可证第一持有人的意见之后,根据实际情况颁发第(2)款中所提及的开采许可证。

第 56 条 应当授予非金属矿物矿业生产经营许可证的持有人最大面积不超过5000公顷的矿业开采许可区。

第四种 岩石矿物开采

第 57 条 从事岩石矿物开采的矿业开采许可区应当以申请书的形式授予商业实体、合作机构或个人。申请书应当提交给第37条中所提及的许可证的颁发人(机构)。

第 58 条 (1)应当授予岩石矿物矿业勘探许可证的持有人面积最小不低于5公顷、最大不超过5000公顷的矿业开采许可区。

(2)对于已经颁发岩石矿物矿业勘探许可证的区域,如果在该区域内发现其他单独的矿物,那么可以向另外一方颁发相应矿物的开采许可证,进行该矿物的开采。

(3)应当在充分考虑开采许可证第一持有人的意见之后,根据实际情况颁发第(2)款中所提及的开采许可证。

第 59 条 应当授予岩石矿物矿业生产经营许可证的持有人最大面积不超过 1000 公顷的矿业开采许可区。

第五种 煤矿开采

第 60 条 从事煤炭资源开采的矿业开采许可区应当以招投标的形式授予商业实体、合作机构或个人。

第 61 条 (1)应当授予煤炭资源矿业勘探许可证的持有人面积最小不低于 5000 公顷、最大不超过 50 000 公顷的矿业开采许可区。

(2)对于已经颁发煤炭资源矿业勘探许可证的区域,如果在该区域内发现其他单独的矿物,那么可以向另外一方颁发相应矿物的开采许可证,进行该矿物的开采。

(3)应当在充分考虑开采许可证第一持有人的意见之后,根据实际情况颁发第(2)款中所提及的开采许可证。

第 62 条 应当授予煤炭资源矿业生产经营许可证的持有人最大面积不超过 15 000 公顷的矿业开采许可区。

第 63 条 其他与第 51 条、第 54 条、第 57 条以及第 60 条中所提及的矿业开采许可区的获取程序有关的条款应在政府法规中做出相应的规定。

第八章 开采许可证的要求

第 64 条 政府以及地方政府应当按照其各自的权力范围,向公众通报第 16 条中所提及的矿业开采许可区内的矿业开采活动规划,并且公开地向公众颁发第 36 条中所提及的矿业勘探许可证以及矿业生产经营许可证。

第 65 条 (1)第 51 条、第 54 条、第 57 条以及第 60 条中所提及的从事矿产开采活动的商业实体、合作机构或个人应当符合相关的行政管理要求、技术要求、环境要求以及财政要求。

(2)其他与第(1)款中所提及的行政管理要求、技术要求、环境要求以及财政要求相关的条款应当在政府法规中做出相应的规定。

第九章 民采许可证

第 66 条 第 20 条中所提及的民采活动,其具体分类如下:金属矿物开采、非金属矿物开采、岩石矿物开采和(或)煤炭资源开采。

第 67 条 (1)由县长(市长)负责颁发民采许可证,特别应优先颁发给当地群众,不论其是个人、公社小组和(或)合作机构。

(2)县长(市长)可以依照相关法律法规的规定,把第(1)款中所提及的民采许可证的颁发执行权力授权给分区(街道)负责人。

(3)申请人应当向县长(市长)提交相关的申请书,申请获得第(1)款中所提及的民采许可证。

第 68 条 (1)颁发的每一个民采许可证所能覆盖的面积规定如下:①如果颁发给个人,则最大不超过 1 公顷;②如果颁发给公社小组,则最大不超过 5 公顷;③如果颁发给合作机构,则最大不超过 10 公顷。

(2)所颁发的民采许可证的最大有效期限为5年,群众开采许可证可以进行延期。

第69条 民采许可证的持有人拥有如下权利：

(1)在劳动安全和卫生健康、环境、开采工程以及经营管理方面获得政府和(或)地方政府的帮助与监督管理。

(2)依照相关法律法规的规定,获得相应的资金支持。

第70条 民采许可证的持有人应当：

(1)在民采许可证颁发之后不迟于3个月内实施开采活动。

(2)在劳动安全和卫生健康、开采实践、环境管理方面严格遵守相关法律法规的规定,并符合相关标准的要求。

(3)与地方政府一起进行环境管理。

(4)支付固定费用以及勘探费用。

(5)定期向民采许可证的颁发人(机构)提交民采活动的执行(实施)报告。

第71条 (1)除第70条中所提及的事务之外,从事第66条中所提及的民采活动的民采许可证持有人还应当严格遵守相应的矿产开采技术要求。

(2)其他与第(1)款中所提及的矿产开采技术要求相关的条款应当在政府法规中做出相应的规定。

第72条 其他与民采许可证颁发程序相关的条款应当在县(市)地方法规中做出相应的规定。

第73条 (1)县(市)政府应当在开采、开采工艺技术、投资和市场营销方面提供相应的支持,提高民采行业的能力。

(2)在民采活动中,县(市)政府有责任提供技术保护措施,其中应包括：劳动安全和卫生健康措施、环境管理措施、后期开采措施。

(3)县(市)政府应当依照相关法律法规的规定任命一名矿山检查官员,负责实施或执行第(2)款中所提及的技术保护措施。

(4)县(市)政府应当保存一份其管辖区域内全部民采活动的生产记录,并定期向部长和相应的省长进行汇报。

第十章 特殊开采许可证

第74条 (1)特殊开采许可证应当由部长从地区利益出发给予颁发。

(2)第(1)款中所提及的特殊开采许可证只能颁发给一个特殊矿业开采许可区内的一种矿物或是煤炭。

(3)第(1)款中所提及的特殊开采许可证的持有人如果在其管理的特殊矿业开采许可区内发现其他矿产,那么其将具有该矿产的优先开采权。

(4)如果特殊开采许可证持有人计划开采第(2)款中所提及的其他矿物,那么其应当向部长提交一份新的特殊开采许可证申请书。

(5)第(2)款中所提及的特殊开采许可证持有人也可以拒绝对所发现的其他矿产进行开采。

(6)如第(4)款所述,拒绝对其所发现的其他矿产进行开采的特殊开采许可证持有人应当对这些矿产进行保护,防止其他方非法利用这些矿产。

(7)部长可以向另外一方颁发特殊开采许可证,允许其对第(4)款和第(5)款中所提及的其他矿物进行开采。

第75条 (1)颁发第74条第(1)款中所提及的特殊开采许可证时,应当对第28条中所提及的各个考虑因素加以充分考察。

(2)第(1)款中所提及的特殊开采许可证可以颁发给任何一个具有印度尼西亚共和国法人实体的商

业实体,不管其是国有法人实体、地区法人实体还是私有商业实体。

(3)特殊开采许可证应当优先颁发给第(2)款中所提及的国有商业实体和地区商业实体。

(4)对于第(2)款中所提及的私有商业实体,特殊开采许可证的最终颁发必须通过特殊矿业开采许可区的招投标过程来决定。

第76条 (1)特殊开采许可证由以下两个部分组成:①特殊矿业勘探许可证,内容涉及一般性勘测、勘探以及可行性研究;②特殊矿业生产经营许可证,内容涉及建设工程、矿产开采、加工处理、精炼以及运输和销售。

(2)特殊矿业勘探许可证和特殊矿业生产经营许可证持有人可以实施(执行)第(1)款中所提及的全部或部分活动。

(3)其他与第(1)款中所提及的特殊开采许可证获取程序相关的条款应当在政府法规中做出相应的规定。

第77条 (1)应当保证特殊矿业勘探许可证的所有持有人都能够获得特殊矿业生产经营许可证以便延续所有证持有人的矿业开采活动。

(2)在可行性研究的相关研究成果、数据出来之后,可以把特殊开采生产经营许可证颁发给第75条第(3)款和第(4)款中所提及的具有印度尼西亚共和国法人实体的商业实体。

第78条 第76条第(1)款①项中所提及的特殊矿业勘探许可证中至少应当包含如下内容:公司的名称;区域的地理位置以及大小;一般性空间规划;履约保证;投资资本;活动阶段的时间长度;特殊开采许可证持有人的权利与义务;活动阶段的持续期限;许可的业务种类;开采区附近居民社区的发展规划以及能力构建规划;纳税计划;争议以及土地问题的解决;固定费用以及勘探费用;环境影响分析报告(AMDAL)。

第79条 第76条第(1)款②项中所提及的特殊矿业生产经营许可证中至少应当包含如下内容:公司的名称;区域的面积大小;矿产开采的地点;加工处理和精炼地点;运输和销售;投资资本;活动阶段的持续期限;土地问题的解决;环境,其中包括后期开采土地恢复;土地复垦以及后期开采资金;特殊开采许可证的有效期限;特殊开采许可证的延长期限;权利与义务;开采区附近居民社区的发展规划以及能力构建规划;纳税计划;固定费用和生产费用、国家(地区)收入分配份额,由生产后的净利润的利润分配组成;争议的解决;劳动安全及卫生健康;矿物或煤炭资源的保护;国内商品、服务、工艺技术、工程设计以及施工能力的使用;良好经济规则及矿产开采工程规范的应用;印度尼西亚共和国劳动工人的素质提高;矿物或煤炭数据的管理;矿物或煤矿开采技术的掌握、开发及实施;股份的撤出。

第80条 特殊开采许可证只能用于许可证中规定的指定用途,不得有其他用途。

第81条 (1)对于实施勘探以及可行性研究的情况,获得开挖矿物或开挖煤炭的特殊开采业勘探许可证持有人应当向部长提交相应的报告。

(2)计划销售第(1)款中所提及的金属矿物或是煤炭的特殊矿业勘探许可证持有人应当申请临时运输和销售许可证,获得许可证后才可进行货物的运输和销售。

(3)由部长负责颁发第(2)款中所提及的临时许可证。

第82条 对于第81条中所提及的开挖矿物或开挖煤炭,可以征收相应的生产费用。

对于特殊开采许可证持有人,在不同的矿产开采许可种类上,具有不同的面积规定及时间期限,具体如下:

(1)从事金属矿物开采活动的任意一个特殊矿业开采许可区的面积最大不得超过100 000公顷。

(2)从事金属矿物开采生产经营活动的任意一个特殊矿业开采许可区的面积最大不得超过25 000公顷。

(3)从事勘探活动的任意一个特殊矿业开采许可区的面积最大不得超过50 000公顷。

(4)从事生产经营活动的任意一个特殊矿业开采许可区的面积最大不得超过15 000公顷。

(5)颁发用于金属矿物开采的矿业特殊勘探许可证的最大有效期限可以达到8年。

(6)颁发用于煤炭矿物开采的特殊矿业勘探许可证的最大有效期限可以达到 7 年。

(7)颁发用于金属矿物或煤炭资源开采的特殊矿业生产经营许可证的最大有效期限可以达到 20 年,并且特殊矿业生产经营许可证可以延期两次,每次可延期 10 年。

第 84 条 其他与第 74 条第(2)款和第(3)款以及第 75 条第(3)款中所提及的特殊矿业开采许可区的获取程序相关的条款应在政府法规中做出相应的规定。

第十一章 特殊开采许可证的要求

第 85 条 政府应当向公众通报第 30 条中所提及的特殊矿业开采许可区内的矿业开采活动规划,并且应当公开地向公众颁发 76 条中所提及的特殊矿业生产经营许可证和特殊矿业勘探许可证。

(1)第 75 条第(2)款中所提及的在特殊矿业开采许可区内从事矿产开采活动的商业实体应当符合相关的行政管理要求、技术要求、环境要求以及财政要求。

(2)其他与第(1)款中所提及的行政管理要求、技术要求、环境要求以及财政要求相关的条款应当在政府法规中做出相应的规定。

第十二章 矿产开采数据

第 87 条 为了支持开采区的准备工作以及矿产开采知识和工艺技术的发展,部长或省长可以根据其各自的权限,委托国家级研究机构和(或)地区级研究机构进行相关的矿产开采勘查和研究。

第 88 条 (1)矿业开采活动中获得的数据应当由政府和(或)地方政府根据其各自的权限分别拥有数据的所有权。

(2)地方政府应当将其拥有的矿产开采数据提交给政府,进行国家级的矿产开采数据处理。

(3)第(1)款中所提及的数据处理应当由政府和(或)地方政府根据其各自的权限进行管理。

第 89 条 其他与第 87 条中所提及的勘查和调查研究的委托程序以及第 88 条中所提及的数据处理程序相关的条款应当在政府法规中做出相应的规定。

第十三章 权利与义务

第一部分 权力

第 90 条 开采许可证以及特殊开采许可证持有人可以实施(执行)矿产开采所有阶段或部分阶段的勘探和生产经营活动。

第 91 条 在满足相关法律法规的规定之后,开采许可证或特殊开采许可证持有人可以在矿产开采中使用各类公共设施。

第 92 条 除放射性微量矿物之外,开采许可证或特殊开采许可证持有人拥有矿物的所有权,其中包括勘探费用或生产费用支付之后生产得到的微量矿物或煤炭资源。

第 93 条 (1)开采许可证或特殊开采许可证持有人不得向其他方转让其开采许可证和特殊开采许可证。

(2)只有在特定的勘探活动(阶段)完成之后,才可以在印度尼西亚共和国证券交易所进行所有权转让和(或)股份转让。

(3)只有在满足下列条件之后,才可进行第(2)款中所提及的所有权转让和(或)股份转让:①必须依照各自的权限,向部长、省长或县长(市长)递交相应的通知;②不得违反相关法律法规的规定。

第94条 应当依照相关法律法规的规定,对开采许可证或特殊开采许可证持有人的权利进行保护,保证其能够顺利开展矿产开采业务。

第二部分 义务

第95条 开采许可证和特殊开采许可证持有人应当:
(1)应用(实施)良好的矿产开采规范和工程规范。
(2)依照印度尼西亚共和国的会计标准进行财务管理。
(3)创造矿产和(或)煤炭资源的附加价值。
(4)实现地方社区的发展和能力构建。
(5)严格遵守环境承受能力的容许极限。

第96条 在实施(执行)良好的矿产开采规范和工程规范时,开采许可证和特殊开采许可证持有人应当:
(1)执行与矿产开采劳动安全和卫生健康相关的规定。
(2)执行矿产开采操作安全。
(3)执行矿产开采环境的管理和监督,其中包括土地恢复以及后期开采活动。
(4)实施矿物资源和煤炭资源的保护。
(5)对矿业开采活动中产生的固体、液体或气体开采尾矿进行管理,使其达到环境质量标准要求,然后才可以排放到自然环境之中。

第97条 开采许可证和特殊开采许可证持有人应当根据当地的具体特点,应用相关的环境质量标准。

第98条 开采许可证或特殊开采许可证持有人应当依照相关法律法规的规定,保持相关水资源的自然保护功能和承载能力。

第99条 (1)在申请矿业生产经营许可证或特殊矿业生产经营许可证时,开采许可证和特殊开采许可证持有人应当同时提交土地复垦规划及后期开采规划。

(2)土地复垦和后期开采活动的实施应当与后期开采土地用途一致。

(3)第(2)款中所提及的后期开采土地用途应当以书面形式写入开采许可证持有人或特殊开采许可证持有人和土地权属人之间签订的土地使用协议之中。

第100条 (1)开采许可证和特殊开采许可证持有人应当提供土地复垦保证金以及后期开采保证金。

(2)部长、省长或县长(市长)可以根据其各自的权限,委托第三方运用第(1)款中所提及的保证金实施土地复垦和后期开采活动。

(3)只有在开采许可证持有人或特殊开采许可证持有人未能依照所批准的规划实施(执行)土地复垦和后期开采活动时,第(2)款的规定才适用。

第101条 其他与第99条中所提及的土地复垦和后期开采相关的条款以及与第100条中所提及的土地复垦保证金和后期开采保证金相关的条款应在政府法规中做出相应的规定。

第102条 在矿产开采、矿物和煤炭资源的加工处理、精炼以及利用过程中,开采许可证持有人或特殊开采许可证持有人应当提高矿产和(或)煤炭资源的附加价值。

第103条 (1)矿业生产经营许可证持有人以及特殊矿业生产经营许可证持有人应当在印度尼西亚共和国对矿产开采成果进行加工处理和精炼。

(2)第(1)款中所提及的开采许可证持有人和特殊开采许可证持有人可以对其他开采许可证持有人和特殊开采许可证持有人的矿产开采成果进行加工处理和精炼。

(3)其他与第102条中所提及的提高附加价值相关的条款以及与第(2)款中所提及的加工处理和精炼相关的条款应当在政府法规中做出相应的规定。

第104条 (1)在加工处理和精炼上,第103条中所提及的开采生产经营许可证持有人和特殊开采生产经营许可证持有人可以安排与已经获得开采许可证或特殊开采许可证的商业实体、合作机构或个人进行相关合作。

(2)第(1)款中所提及的商业实体获得的开采许可证指的是由部长、省长以及县长(市长)根据其各自的权限所颁发的特种矿业生产经营许可证。

(3)在矿产开采成果的加工处理和精炼上,禁止第(1)款中所提及的矿业生产经营许可证持有人和特殊矿业生产经营许可证持有人对未获得相关开采许可证、民采许可证或特殊开采许可证的实体或个人的矿产开采成果进行加工处理或精炼。

第105条 (1)对于其业务活动不涉及矿产开采,但又希望销售开挖得到的矿产资源和(或)煤炭资源的商业实体,该商业实体则必须首先获得专用于销售的矿业生产经营许可证。

(2)第104条第(1)段落中所提及的开采许可证只能由部长、省长以及县长(市长)根据其各自的权限进行颁发,而且仅可颁发一次。

(3)对于第(1)款中所提及的开挖矿物或开挖煤炭,可以征收相应的生产费用。

(4)在开挖矿产资源和(或)煤炭资源的销售上,第(1)款和第(2)款中所提及的商业实体应当根据其各自的权限,向部长、省长以及县长(市长)提交相应的销售报告。

第106条 开采许可证持有人和特殊开采许可证持有人必须依照相关法律法规的规定,优先雇用当地劳工,优先使用本国的商品和服务等。

第107条 在从事生产经营活动时,持有开采许可证和特殊开采许可证的商业持有人应当依照相关法律法规的规定包含当地的企业家。

(1)开采许可证持有人和特殊开采许可证持有人应当编写相应的地区发展和能力构建的规划及项目。

(2)第(1)款中所提及的规划及项目的制定应当在与政府、地方政府以及群众进行协商的基础上完成。

第109条 其他与第108条中所提及的社区发展和能力构建项目实施程序相关的条款应当在政府法规中做出相应的规定。

第110条 开采许可证持有人和特殊开采许可证的持有人应当根据其各自的权限,向部长、省长以及县长(市长)提交其在勘探和生产开采过程中获得的全部数据。

第111条 (1)开采许可证持有人和特殊开采许可证持有人应当根据其各自的权限,向部长、省长以及县长(市长)定期提交与矿产开采和煤矿开采商业活动的执行以及与工作计划有关的书面报告。

(2)其他与第(1)款中所提及的报告的提交程序、时间、类型以及格式相关的条款应当在政府法规中做出相应的规定。

第112条 (1)在生产满5年之后,持有开采许可证或特殊开采许可证的、其股份被外资所持有的商业实体应当开始剥离其在政府、地方政府、国有公司、地区所有公司或是国家私有商业实体上的股份。

(2)其他与第(1)款中所提及的股份剥离相关的条款应当在政府法规中做出相应的规定。

第十四章 矿业开采活动以及特殊开采许可证的临时中止

第113条 (1)在下列情况下,开采许可证持有人以及特殊开采许可证持有人的矿业开采活动可以被临时中止：①不可抗力因素；②阻碍性条件（状况）导致商业开采活动部分或全部停止；③当该区域的全部环境承受能力已经无法支撑该区域内从事矿产资源和（或）煤炭资源生产经营活动所产生的负荷时。

（2）第（1）款中所提及的矿业开采活动的临时性中止对开采许可证和特殊开采许可证的有效期不造成任何影响（即有效期不会因此缩短）。

（3）在请求第（1）款①项和②项中所提及的矿业开采活动临时性中止时，应当根据部长、省长以及县长（市长）各自的权限，向其分别提交临时性中止申请。

（4）矿山巡视员可以发出执行临时性中止的指令，或者可以根据群众据各自的权限提交临时性中止申请给部长、省长以及县长（市长），决定是否执行临时性中止。

（5）在收到第（3）款中所提及的申请后，部长、省长以及县长（市长）应当根据其各自的权限，在不迟于30天内签发书面决定，决定是否执行临时性中止，并附上相关的理由。

第114条 （1）因第113条第（1）款中所提及的不可抗力因素和（或）阻碍性条件（状况）而导致的临时性中止，其最长中止期限不得超过一年，该期限可以最长再延期一年，并且只可延期一次。

（2）在临时性中止的中止期期满之前的任一时间点内，如果开采许可证持有人和特殊开采许可证持有人做好准备，需要实施经营活动，那么许可证持有人应当根据部长、省长以及县长（市长）各自的权限，向其分别提交这类活动的相关报告。

（3）在收到第（2）款中所提及的报告之后，部长、省长以及县长（市长）应当根据其各自的权限，分别撤回临时性中止命令。

第115条 （1）如果矿业开采活动因第113条第（1）款①项中所提及的不可抗力因素的原因被临时性中止，那么开采许可证和特殊开采许可证上对政府以及地方政府应承担的各项义务也将同时临时性中止，不再适用。

（2）如果矿业开采活动因第113条第（1）款②项中所提及的阻碍性条件（状况）的原因被临时性中止，那么开采许可证和特殊开采许可证上对政府以及地方政府应承担的各项义务仍然适用，不得中止。

（3）如果矿业开采活动因第113条第（1）款③项中所提及的开采区环境承受能力的原因被临时性中止，那么开采许可证和特殊开采许可证上对政府以及地方政府应承担的各项义务仍然适用，不得中止。

第116条 其他与第113条、第114条以及第115条中所提及的矿业开采活动临时性中止相关的条款应当在政府法规中做出相应的规定。

第十五章　开采许可证和特殊开采许可证的到期终止

第117条 下列原因均可导致开采许可证和特殊开采许可证到期终止：被退还；被撤销；或有效期自然期满。

第118条 （1）开采许可证持有人或特殊开采许可证持有人可以根据部长、省长以及县长（市长）各自的权限，向其分别提交相应的书面声明，要求退还开采许可证或特殊开采许可证。书面声明中必须附上清楚的理由。

（2）在部长、省长以及县长（市长）根据其各自的权限审批之后，并且在开采许可证持有人或特殊开采许可证持有人的各项义务都得到遵守或执行之后，开采许可证的退还或特殊开采许可证的退还应即刻生效。

第119条 在下列情况中，部长、省长以及县长（市长）根据其各自的权限撤销所颁发的开采许可证或特殊开采许可证：

（1）开采许可证持有人或特殊开采许可证持有人未能遵守或履行其在开采许可证或特殊开采许可证中规定应尽的责任和义务，或开采许可证持有人或特殊开采许可证持有人未能遵守相关法律法规的规定。

(2)开采许可证持有人或特殊开采许可证持有人具有本法律中所提及的任一刑事犯罪行为。

(3)开采许可证持有人或特殊开采许可证持有人被声明已经破产。

第120条 在开采许可证或特殊开采许可证中规定的期限已经到期之后,如果没有提交相应活动的延期申请,或所提交的延期申请由于未能满足要求而被驳回,那么相应的开采许可证或特殊开采许可证将即刻失效。

第121条 (1)如果开采许可证或特殊开采许可证由于第117条、第118条、第119条以及第129条中所提及的原因到期终止,那么开采许可证持有人或特殊开采许可证持有人应当依照相关法律法规的规定履行并完成其全部责任和义务。

(2)第(1)款中所提及的开采许可证持有人或特殊开采许可证持有人的责任和义务应当被视为是已经完全履行和遵守,并且应当被视为是已经得到部长、省长以及县长(市长)在其权限范围内的批准。

第122条 (1)当开采许可证或特殊开采许可证如第121条所述被退还、撤销或许可证的有效期已经期满时,应当根据部长、省长以及县长(市长)各自的权限,把开采许可证或是特殊开采许可证分别归还。

(2)在开采许可证或特殊开采许可证已经如第(1)款所述到期中止,那么应当依照本法律中的相关规定,通过相应的机制把与许可证相对应的商业开采许可区或特殊商业开采许可区提供给商业实体、合作机构或个人。

第123条 在开采许可证或特殊开采许可证到期终止的情况下,开采许可证持有人或特殊开采许可证持有人应当根据部长、省长以及县长(市长)各自的权限,向其提交其在勘探和生产经营过程中获得的全部数据。

第十六章 矿产开采服务行业

第124条 (1)开采许可证持有人或特殊开采许可证持有人应当优先使用当地和(或)本国矿产开采服务公司的服务。

(2)在第(1)款所提及的矿产开采服务公司不可使用的情况下,开采许可证持有人或特殊开采许可证持有人可以使用具有印度尼西亚共和国法人实体的其他矿产开采服务公司的服务。

(3)矿产开采服务的服务种类可以包括:①涉及相关领域的咨询、规划、执行以及设备测试,如普查、勘探、可行性研究、矿产开采施工、运输、开采环境、后期开采以及土地复垦和(或)劳动安全及卫生健康;②涉及相关领域的咨询、规划以及设备测试如矿产开采或加工处理和精炼。

第125条 (1)对于开采许可证持有人或特殊开采许可证持有人采用矿产开采服务的情况,商业开采活动的责任仍然由开采许可证持有人或特殊开采许可证持有人负责承担。

(2)矿产开采服务可以以商业实体、合作机构或个人的形式来实现(实施),但是这类服务必须符合由部长规定的服务类别及其资格要求。

(3)在聘用矿产开采服务公司时,应当优先照顾当地合同承包人以及劳动者。

(4)除非得到部长的同意,否则开采许可证持有人或特殊开采许可证持有人不得在其经营的商业开采区内采用其附属公司提供的矿产开采服务。

(5)在下列情况下,可以给予第(1)款中所提及的部长许可:该区域内没有类似的矿产开采服务公司;或没有任何矿产开采服务公司愿意或有能力提供这类服务。

第127条 其他与第124条、第125条以及第126条中所提及的矿产开采服务管理相关的条款应当由部长通过相关法规做出相应的规定。

第十七章　国家收入及地方收入

第 128 条　(1)开采许可证持有人或特殊开采许可证持有人应当支付国家收入和地方收入。

(2)第(1)款中所提及的国家收入由税收收入以及非税收国家收入组成。

(3)第(2)款中所提及的税收收入的组成如下:①依照相关税收法律、法规的规定,属于政府应收部分的税金;②进口关税及消费税。

(4)第(2)款中所提及的非税收国家收入的组成如下:固定费用、勘探费用、生产费用、信息数据的补偿费用。

(5)第(1)款中所提及的地方收入的组成如下:地方税、地方费用、依照相关法律法规的规定应当支付的其他合法收入。

第 129 条　(1)投入生产之后,从事金属矿物开采及煤炭开采的特殊矿业生产经营许可证持有人应当向政府支付相当于净利润 4% 的金额,并向地方政府支付相当于净利润 6% 的金额。

(2)第(1)款中所提及的地方政府的份额规定如下:①省政府获得 1%;②生产发生地的县政府(市政府)获得 2.5%;③同一省内的其他县政府(市政府)获得 2.5%。

第 130 条　(1)对于开采许可证持有人或特殊开采许可证的持有人,在矿产开采期间开挖的土方(石方)上并不征收第 128 条第(4)款中所提及的生产费用以及第 128 条第(5)款中所提及的地方税和地方费用等。

(2)对于开采许可证持有人或特殊开采许可证持有人,在矿产开采期间开挖的土方(石方)的使用上需要征收第 128 条第(4)款中所提及的生产费用。

第 131 条　向开采许可证持有人、群众开采许可证持有人或特殊开采许可证持有人征收税金的具体金额以及非税收国家收入的具体金额等,应当依照相关法律法规的规定加以确定。

第 132 条　(1)生产费用的具体金额应当根据实际的开采水平、生产水平以及矿产品的实际价格等因素来加以确定。

(2)在确定第(1)款中所提及的生产费用具体金额时,应当严格依照相关法律法规的规定执行。

第 133 条　(1)第 128 条第(4)款中所提及的、由国家收入和地方收入共同构成的非税收国家收入,其分配方案应当依照相关法律法规的规定来加以确定。

(2)仅由地方部分构成的非税收国家收入应当在支付给国家财政之后,每 3 个月一次,直接支付给地方财政。

第十八章　矿业开采活动中的土地使用

第 134 条　(1)赋予矿开采许可区、民采区以及特殊矿业开采许可区上的各项权力中并不包含地表上土地的权利。

(2)不得在相关法律法规规定禁止从事商业开采活动的地方从事矿业开采活动。

(3)在依照相关法律法规的规定,获得政府批准之后,方可从事第(2)款中所提及的商业开采活动。

第 135 条　只有在获得土地权属人的批准之后,矿业勘探许可证持有人和特殊矿业勘探许可证持有人才可以从事相关活动。

第 136 条　(1)在进行生产经营之前,开采许可证持有人或特殊开采许可证持有人应当依照相关法律法规的规定,与土地权属人一起就土地权问题达成协议。

(2)开采许可证持有人或特殊开采许可证持有人可以根据实际的土地需求,分阶段的解决第(1)款中所提及的土地权问题。

第 137 条 对于第 135 条和第 136 条中所提及的、土地权问题已经得到解决的开采许可证持有人或特殊开采许可证持有人，可以依照相关法律法规的规定，给予其相应的土地权利。

第 138 条 开采许可证、民采许可证或特殊矿业许可证上所具有的各项权力并不构成对土地的权利。

第十九章　支持帮助、监督管理以及人民群众的保护

第一部分　支持帮助和监督管理

第 139 条 （1）部长应当对由省政府以及县政府（市政府）依照其各自权限管理的矿产开采业务提供管理支持。

（2）第（1）款中所提及的支持应当包括：①颁布矿产矿业行业管理的执行标准以及执行指令；②颁发相关指南，提供监督管理以及咨询服务；③提供教育和培训；④在矿产及煤炭部门矿产开采行业管理上，实施相关的执行规划、调查研究、开发、监控以及评估考核等。

（3）部长可以授权省长对第（1）款中所提及的矿产开采行业部门中由县政府（市政府）负责的管理权进行管理。

（4）部长、省长以及县长（市长）应当依照其各自的权限范围，负责在由开采许可证持有人、民采许可证持有人或特殊开采许可证持有人开展的矿业开采活动上，提供相关的执行支持。

第 140 条 （1）部长应当在由省政府以及县政府（市政府）依照其各自权限开展的矿产开采行业管理上进行权力监督。

（2）部长可以授权省长对第（1）款中所提及的矿产开采行业部门中由县政府（市政府）负责的管理权力进行权力监督。

（3）部长、省长或县长（市长）应当依照其各自的权限范围，在由开采许可证持有人、民采许可证持有人或特殊开采许可证持有人开展的商业开采活动上，提供相关的执行支持。

第 141 条 （1）另外，第 140 条中所提及的监督管理的形式及内容如下：①矿产开采工程；②市场营销；③财务；④矿物及煤炭数据的处理；⑤矿物及煤炭资源的保护；⑥矿产开采劳动安全及卫生健康；⑦矿产开采操作安全；⑧环境、土地复垦以及后期开采管理；⑨国内商品、服务、工艺技术、工程设计以及施工能力的使用；⑩矿产开采技术工人的发展；⑪地方社区的发展和能力构建；⑫矿产开采技术的掌握、开发及应用；⑬商业开采活动中与公共利益相关的其他活动；⑭开采许可证和特殊开采业许可证的管理；⑮矿产开采经营成果的金额、类型以及质量。

（2）第（1）款①、⑤～⑨中所提及的监督管理应当由矿山监察员依照相关法律法规的规定负责实施。

（3）如果省政府或是县政府（市政府）没有矿山监察员，那么部长应当指定一名矿山监察员，负责执行第（2）款中所提及的支持及监督管理工作。

第 142 条 （1）省长以及县长（市长）应当至少每 6 个月向部长汇报一次其各自管辖范围内矿产开采业务的执行情况。

（2）地方政府在行使其权力时，如果未能严格遵守本法律的规定或其他法律法规的规定，那么政府可以向其提出警告。

第 143 条 （1）在民采业务上，县长（市长）应当提供相关的帮助支持并进行监督管理。

（2）其他与民采的支持和监督管理相关的条款应当在县（市）地方法规中做出相应的规定。

第 144 条 其他与第 139 条、第 140 条、第 141 条、第 142 条以及第 143 条中所提及的帮助支持以

及监督管理程序及其标准相关的条款应当在政府法规中做出相应的规定。

第二部分　人民群众的保护

第145条　(1)在矿业开采活动中,直接承受矿业开采活动负面影响的群众有权:①依照相关法律法规的规定,在因开采活动而导致的损失上获得适当的赔偿;②在因开采活动违反相关规定而导致的损失上,向法院提出索赔要求,申请获得损失赔偿。

(2)与第(1)款中所提及的人民群众保护相关的条款,应当严格依照相关法律法规的规定制定(执行)。

第二十章　研究与发展以及教育与培训

第一部分　研究与发展

第146条　政府以及地方政府应当鼓励、实施和(或)积极推动矿产及煤炭资源的研究与发展。

第二部分　教育与培训

第147条　政府以及地方政府应当鼓励、实施和(或)积极推动与矿产和煤炭资源开发(开采)相关的教育与培训。

第148条　教育与培训的管理可以由政府、地方政府、私有机构以及群众自己负责。

第二十一章　调查

第149条　(1)作为对印度尼西亚共和国警察职能的一个补充,应当依照相关法律法规的规定,指定一名工作和职责覆盖矿产开采的公务员作为调查官员。

(2)第(1)款中所提及的调查公务员具有的权力如下:①对与矿业开采活动中发生的犯罪行为有关的报告或信息的正确性进行审查;②对涉嫌在矿业开采活动中从事犯罪行为的个人或实体进行审查;③当涉嫌在矿业开采活动中从事犯罪行为时,召集和(或)要求个人作为证人或嫌疑人出席听审和接受审查;④当涉嫌在矿业开采活动中从事犯罪行为时,对涉嫌发生犯罪行为的场所和(或)设施进行搜索;⑤对矿业开采活动中使用的各类设施和基础设施等进行检查,并有权要求停止使用涉嫌犯罪的设备;⑥作为证据封存和(或)没收商业开采活动中被用于犯罪行为的设备;⑦在矿业开采活动刑事犯罪案件的审查中,有权要求专家出庭和(或)请求专家的帮助;⑧终止矿业开采活动刑事犯罪案件的审查。

第150条　(1)第149条中所提及的调查公务员可以逮捕矿业开采活动中刑事犯罪的行为人。

(2)第(1)款中所提及的调查公务员应当自调查开始起即编写相关报告,并依照相关法律法规的规定,向印度尼西亚共和国相关警察官员递交调查结果。

(3)当证据不充分和(或)事件并不构成刑事犯罪时,第(1)款中所提及的调查公务员应当终止侦查。

(4)第(2)款和第(3)款中所提及的权力的行使应当严格遵守相关法律法规的规定。

第二十二章 行政制裁

第151条 (1)当开采许可证持有人、民采许可证持有人或特殊开采许可证持有人违反第30条第(3)款、第40条第(5)款、第41条、第43条、第70条、第71条第(1)款、第74条第(4)款、第74条第(6)款、第81条第(1)款、第93条第(3)款、第95条、第96条、第97条、第98条、第99条、第100条、第102条、第103条、第105条第(3)款、第105条第(4)款、第107条、第108条第(1)款、第110条、第111条第(1)款、第112条第(1)款、第114条第(2)款、第115条第(2)款、第125条第(3)款、第126条第(1)款、第128条第(1)款、第129条第(1)款或第130条第(2)款所提及的各项规定时,部长,省长以及县长(市长)有权依照各自的权限范围对开采许可证持有人、民采许可证持有人或特殊开采许可证持有人处以行政制裁。

(2)第(1)款中所提及的行政制裁形式如下:①书面警告;②部分或全部勘探活动和生产经营活动的临时性中止;③开采许可证、民采许可证或特殊开采许可证的撤销。

第152条 如果地方政府未能执行第151条中所提及的各项规定,根据第6条第(1)款⑩项中所提及的部长评估结果,部长可以依照相关法律法规的规定,临时中止和(或)撤销开采许可证或民采许可证。

第153条 如果地方政府对部长依据第152条规定所做出的决定[即临时性中止和(或)撤销开采许可证以及民采许可证]持反对意见,那么地方政府可以依照相关法律法规的规定,提出抗议。

第154条 开采许可证、民采许可证或特殊开采许可证的颁发(实施)过程中发生的一切争议都应当依照相关法律法规的规定,通过法院和国内仲裁机构加以解决。

第155条 因第151条第(2)款中②和③所提及的开采许可证、民采许可证或特殊开采许可证的临时性中止和(或)撤销而导致的一切法律后果都应当依照相关法律法规的规定来加以解决。

第156条 其他与第151条以及第152条中所提及的行政制裁实施程序相关的条款应当在政府法规中做出相应的规定。

第157条 当地方政府未能达到第5条第(4)款所提及的各项规定时,地方政府应当受到暂时撤销其矿产开采及煤矿开采管理权的行政处罚。

第二十三章 刑事条款

第158条 在没有获得第37条、第40条第(3)款、第48条、第67条第(1)款、第74条第(1)款或第(5)款所规定的开采许可证、民采许可证或特殊开采许可证的情况下,任何擅自从事矿产开采活动的个人将被判处最长10年的监禁并处以最高一百亿印尼盾的罚金。

第159条 对于第43条第(1)款、第70条⑤项、第81条第(1)款、第105条第(4)款、第110条或第111条第(1)款中所提及的报告,如果开采许可证持有人、民采许可证持有人或特殊开采许可证持有人故意提交虚假报告或是提供虚假信息,那么,许可证持有人将被判处最长10年的监禁并处以最高一百亿印尼盾的罚金。

第160条 (1)在没有获得第37条或是第74条第(1)款所规定的开采许可证或是特殊开采许可证的情况下,任何擅自从事勘探活动的个人将被判处最长一年的监禁并处以最高两亿印尼盾的罚金。

(2)任何拥有矿业勘探许可证但却擅自从事生产经营活动的个人将被判处最长5年的监禁并处以最高一百亿印尼盾的罚金。

第161条 任何持有矿业生产经营许可证或是特殊矿业生产经营许可证但却从事下列任一活动的

个人将被判处最长10年的监禁并处以最高一百亿印尼盾的罚金:从不具备开采许可证、特殊矿业许可证,或第37条、第40条第(3)款、第43条第(2)款、第48条、第67条第(1)款、第74条第(1)款、第81条第(2)款、第103条第(2)款、第104条第(3)款以及第105条第(1)款中所提及的许可证的来源收集和利用矿产和煤炭资源,或对来自无证照源头的矿产和煤炭进行加工处理、精炼、运输或销售。

第162条 任何阻碍或中断符合第136条第(2)款各规定要求的开采许可证持有人或特殊开采许可证持有人矿业开采活动的个人将被判处最长一年的监禁并处以最高1亿印尼盾的罚金。

第163条 (1)如果本章中所提及的刑事犯罪行为是由法人所实施的,那么,除监禁和管理罚金之外,还将对法人处以相当于最高罚金1/3的罚款作为追加处罚。

(2)作为对第(1)款所提及的罚金处罚的补充,还可以通过撤销营业许可证和(或)撤销法人身份的形式对法人实施追加处罚。

第164条 除第158条、第159条、第160条、第161条以及第162条规定的针对刑事犯罪行为人的惩罚之外,还可以通过如下形式实施追加处罚:①没收构成犯罪行为的商品(货物);②没收从犯罪行为中获得的利益;③强制支付因犯罪行为导致的一切费用。

第165条 在开采许可证、民采许可证或特殊开采许可证的颁发上,任何违反本法律规定或滥用其权力的个人都将被判处最长2年的监禁并处以最高两亿印尼盾的罚金。

第二十四章 其他条款

第166条 在开采许可证、民采许可证或特殊开采许可证的颁发(实施)过程中发生的、与环境影响有关的一切问题都应当依照相关法律法规的规定来加以解决。

第167条 在矿区、矿业许可区、国家保护区、特殊矿区以及特殊矿业许可区的颁布中,矿区应当由部长通过国家综合采区信息系统进行管理,实现坐标系统以及基本(地)图的同质化。

第168条 为了增加在矿产开采上投资,除开采许可证或特殊开采许可证中有明确规定的除外,政府可以采用相关手段、设施及税收手段等。

第二十五章 过渡性条款

第169条 在本法律生效时:

(1)在本法律生效之日前已经存在的工程合同和煤矿开采特许协议等仍将保持有效,直到该合同(协议)到期终止。

(2)除与国家收入有关的事务外,自本法律颁布后不迟于一年内,第(1)款中所提及的工程合同以及煤矿开采特许协议中各条款的规定应当进行相应的调整。

(3)对于第(2)款中所提及的国家收入,如果是增加国家收入,则允许有例外。

第170条 第169条中所提及的、已经启动生产的工程合同的持有人应当在本法律颁布后不迟于5年内开展第103条第(1)款中规定的精炼工作。

第171条 (1)对于第169条中所提及的工程合同的持有人和煤矿开采工程特许合同的持有人,如果该持有人在本法律生效后不迟于一年内开展了勘探活动、可行性研究、建设施工或生产经营活动,那么合同持有人必须向政府提交截至合同(协议)期满日为止的合同(协议)覆盖区域内的全部活动规划,以便政府审批。

(2)如果无法满足第(1)款的规定,那么应当根据本法律的规定,对已经授予工程合同持有人和煤矿开采工程特许协议持有人的开采区面积大小进行调整。

第172条 在本法律生效前至少一年内已经提交部长,并且已经获得原则性许可证或普查许可证的工程合同申请以及煤矿开采特许协议申请将会得到充分尊重,并且许可证的颁发可不必通过本法律中所规定的招投标过程。

第二十六章 终止条款

第173条 (1)当本法律生效时,1967年的第11号矿产开采基本法(印度尼西亚共和国1967年第22号国家公报、第2831号国家公报补充)将同时废除,并宣告无效。

(2)当本法律生效时,构成1967年第11号矿产开采基本法(印度尼西亚共和国1967年第22号国家公报、第2831号国家公报补充)实施细则的各组成法律、法规将继续有效,除非它们与本法律的相关条款发生冲突。

第174条 本法律的实施细则必须在本法律颁布后一年之内制定完成。

第175条 本法律自颁布之日起即刻生效。

特此将本法律的颁布令置于印度尼西亚共和国的国家公报内,以供公众承认。

2009年1月12日于雅加达批准通过
印度尼西亚共和国总统
苏希洛·班邦·尤多约诺

2009年1月12日于雅加达正式颁布
印度尼西亚共和国司法与人权部部长
安迪·马达拉达